Smile 69

Smile 69

膽固醇

其實跟你想的不一樣!

(暢銷紀念版)

膽固醇的功用超乎想像,
想多活20年,你一定要重新認識它

吉米·摩爾 JIMMY MOORE & 艾瑞克·魏斯特曼 ERIC C. WESTMAN／著

李明芝／譯

CHOLESTEROL CLARITY: WHAT THE HDL IS WRONG WITH MY NUMBERS?

健康 smile 69

膽固醇其實跟你想的不一樣！（暢銷紀念版）
膽固醇的功用超乎想像，想多活 20 年，你一定要重新認識它

原書書名　Cholesterol Clarity: What The HDL Is Wrong With My Numbers?
原書作者　吉米‧摩爾（Jimmy Moore）／ 艾瑞克‧魏斯特曼醫師（Dr. Eric C. Westman）
譯　　者　李明芝
封面設計　林淑慧
特約編輯　洪禛璐
主　　編　劉信宏
總 編 輯　林許文二

出　　版　柿子文化事業有限公司
地　　址　11677 臺北市羅斯福路五段 158 號 2 樓
業務專線　（02）89314903#15
讀者專線　（02）89314903#9
傳　　真　（02）29319207
郵撥帳號　19822651 柿子文化事業有限公司
投稿信箱　editor@persimmonbooks.com.tw
服務信箱　service@persimmonbooks.com.tw

業務行政　鄭淑娟、陳顯中

初版一刷　2018 年 8 月
二版一刷　2020 年 8 月
定　　價　新臺幣 360 元
Ｉ Ｓ Ｂ Ｎ　978-986-98938-8-6

國家圖書館出版品預行編目 (CIP) 資料

膽固醇其實跟你想的不一樣！（暢銷紀念版）：膽固醇的功用超乎
想像，想多活 20 年，你一定要重新認識它 / 吉米 . 摩爾（Jimmy
Moore），艾瑞克 . 魏斯特曼（Eric C. Westman）著；李明芝譯 . --
一版 . -- 臺北市：柿子文化，2020.08
　面；　公分 . -- (健康 smile ; 69)
　譯自：Cholesterol clarity : what the HDL is wrong with my numbers?
　ISBN 978-986-98938-8-6(平裝)

1. 膽固醇　2. 健康法

399.4781　　　　　　　　　　　　　　　　　　　　109010694

如何
使用本書

多數人在看書時，傾向從第一頁看到最後一
頁，我們當然鼓勵你這麼做。本書中包含的訊息
相當豐富，而且使用每個人都看得懂的淺顯文字，
詳述有關膽固醇的真相。

本書也讓所有知道自己膽固醇檢驗結果的人，能有一個快速且實
用的指南。舉例來說，如果有些數值似乎超出正常範圍，醫師或許會建議你最
好開始吃藥。但是，在你決定這麼做以前，我們建議你把這本書當成研究工具，
只要翻到你有疑慮的檢查數值那幾段，就有你所需要的相關訊息，能協助你為
自己的健康做最佳判斷。此外，我們也將告訴你，如何藉由營養和生活型態獲
得改善，不一定要求助於藥物。

我們將盡最大的努力，讓你明白你的高密度脂蛋白（high-density lipoprotein，
HDL）數值有什麼問題。

免責聲明

本書的撰寫與出版僅做為提供資訊之用，無論在任何情況下，都不
應該用來取代專業醫師的建議，因此，你不該將本書中的教育性資料
視為與專科醫師進行諮詢的替代品。

關於本書的呈現及翻譯，出版社嘗試對本書的內容提供最符合原意且完整的訊
息，當中若有不精確或矛盾之處，敬請參照本書原文。

本書作者和出版商除了提供教育資料之外，別無其他意圖。如果你因為由本書
獲得的資訊，而對自己或親友的醫療狀況產生疑問，請直接洽詢專業醫師。讀
者或其他對此感興趣的人士，若從本書中獲得資訊並據此採取任何行動，其風
險均由個人自行承擔。

認識膽固醇，你應該來讀這一本

Martyn／臉書粉絲團「了解生酮飲食—以及你無法成功減肥的真相」版主

　　關於吉米摩爾，我第一次接觸到這個人的資訊是來自於他的《生酮飲食治病全書》這本書，這本書的內容給了我在研究生酮飲食這條路上非常多的幫助，甚至我認為，每個想要開始採取生酮飲食的人，手上必備的生酮書籍，這本依然一直是我首先推薦的書。

　　近來，生酮飲食遭受到相當多的質疑，其中高膽固醇與低密度脂蛋白在使用生酮飲食後提高也是一個非常熱門的話題，但所謂的健康數據範圍是不是適用於每一種情況？例如，像我們健身人士去檢驗腎功能時，常常會驗出肌酸肝過高、腎絲球過濾率異常，試紙幾乎都會驗出尿蛋白，於是檢驗所人員就會直接下一個結論，你們重訓的人吃太多蛋白質了，太多的蛋白質會傷害腎臟！

　　但真的是這樣嗎？事實上，肌肉量與肌酸肝產生數值是成正比的，也就是說，肌肉量越大，肌酸肝的數值也就越高，而腎絲球過濾率根本不是驗出來的，而是使用肌酸肝的數值以公式計算出來的，既然肌酸肝數值已經異於常人，那腎絲球過濾率又怎麼可能落在「正常」範圍？尿蛋白試紙不是只有驗尿蛋白，也會對肌酸肝產生反應，所以肌肉量大的人，即使試紙驗出來有尿蛋白，也不一定真的是尿蛋白，但由於這些知識一般檢驗所的人員不知道，或是為了業績而希望你多驗幾個項目，危言聳聽的情況就很多，吉米在這本書裡提到的膽固醇，也是一樣的情況。

　　所以，不管你是否正在進行生酮飲食，我都認為你應該要好好的了解一下關於膽固醇的知識，而不是一味的聽從檢驗人員的指示，因為你很可能不符合這些測驗專屬的族群。

　　我拜讀完吉米的大作之後，發現這本書依然像《生酮飲食治病全書》一般，非常深入淺出，即使不具太多飲食營養相關知識的人，也能輕鬆無壓力的閱讀吸收，十分推薦，希望大家不要錯過了。

營養學革命的代表

王定一／台南新興醫院胸腔內科醫師

　　與五年前相比，日前媒體和臉書上有關生酮飲食的資訊已增加非常多了。本人認為，此現象正代表著一個革命正在營養學的領域中，用非常慢的速度在進行著。

　　本書的作者吉米·摩爾就是推動此革命的小小團體中的一分子。他不是醫療人員，也不是營養專家，但他有足夠的理由，讓他要堅持找到膽固醇的真相。他的親哥哥因病態型肥胖而在四十一歲時死於心臟病，他本身又發現自己的總膽固醇和低密度脂蛋白膽固醇濃度非常高。他不願意走上與哥哥同樣的道路，同時又必須面對降膽固醇藥物的嚴重副作用，所以開始嘗試以飲食的改變，來改善他的膽固醇問題。

　　他以個人經驗來說明，生酮飲食能明顯改善肥胖、高血壓、糖尿病和相關的慢性疾病。而且為了彌補自己的缺點（非專業人員），吉米請教了美國北卡羅來納州德罕市的杜克大學內科醫師艾瑞克·魏斯特曼，也訪問了二十九位專家來背書，說明生酮飲食是有科學證據的一種促進健康的生活方式。

　　如果你或親人有高膽固醇血症，或覺得醫生講的與媒體報導的不一致，讓你產生混淆，這本書會用淺顯的文字，清楚地解釋膽固醇為何被妖魔化，以及藥商為了利益，如何誇大效果而少報副作用的驚人故事。

翻轉膽固醇，教育才是真正的關鍵！

張誠徽／中華低醣生酮推廣協會理事長

在網路資訊爆炸的現代世界，連醫學資訊都隨手可得，只要在搜尋引擎打上關鍵字，就能找到很多的研究報告跟影片。好處是，大家都有機會了解醫學院的學生在學些什麼，但相對也出現很多資訊，是沒有醫學背景的大眾所無法分辨對錯的（因為少了完整的醫學教育基礎，沒有完整的醫理邏輯），「膽固醇」就是一個非常經典的案例。

在醫學界，膽固醇一直被教育為是心血管的殺手（尤其是 LDL），有太多的歷史背景導致今天「膽固醇跟飽和脂肪是心臟殺手」的結論。不過，當事實與推論有所出入時，不得不讓大家重新檢視過去的研究是否出了問題？

科技日新月異，當更多新的證據出現時，站在醫學界的第一線醫師，更應該不斷的更新資訊，並檢視過去所接受教育的資訊是否有誤，才算稱職，也才能用更正確的方式幫助病人。

這本《膽固醇其實跟你想的不一樣！》是由作者吉米・摩爾跟眾多醫學專家共同完成，他們站在扎實的醫學專業基礎之上，重新解釋清楚膽固醇在人體扮演的許多重要角色，也點出目前降膽固醇藥物對人體所造成的傷害跟影響。

本書提醒我們要從生理學的角度，重新審視身體為何出現過高膽固醇？是要幫助我們的身體運作嗎？還是身體需要修復？這些問題的根源，會比如何用藥物降低膽固醇來得更重要！

另外，書中也提到跟心血管健康更具有相關性的高敏感度 C—反應蛋白（hs-CRP）跟同半胱胺酸（Homocystiene），是我們更需要了解與關注的血管發炎及硬化指數。

中華低醣生酮推廣協會的團隊，過去一年來以作者吉米・摩爾的第一本著作《生酮治病飲食全書》在全台灣辦了八場讀書會，推動正確的生酮飲食觀念，幫助了很多酮伴們解除疑惑。

　　過程中碰到很多酮伴們有膽固醇過高的情形，也受到醫師們的關心與提醒，這本著作的出現，可以幫助我們更容易釐清對膽固醇的迷思，而更有信心的執行生酮飲食。

　　在此，也歡迎大家一起加入酮生活社團，學習更多正確的知識和觀念。跟我們一起看清楚膽固醇的驚異真相，安心健康生酮！

膽固醇與我

撒景賢／FB臉書「酮好」社團創辦人

四十一歲那年，我開始了三個月的生酮飲食，體重恢復標準，體力回到三十歲的狀態，我做了一次全身體檢。當天在健檢中心的人都是中年的主管，大部分人都帶著啤酒肚去檢查，就像三個月前的我。

當腹部超音波的結果出來，數據表明我沒有脂肪肝時，我開心得幾乎要大叫：「Yes！生酮飲食萬歲！」興高采烈地準備接受接下來要檢驗的項目，如預期的，我身體組成的肌肉量是100，也就是完全符合我的年齡和身高標準，體脂肪是十五年來第一次進入標準，我開心地告訴旁邊也來檢驗的友人，我是吃生酮飲食的。

面對營養師諮詢時，我開心地跟她分享我因為吃生酮飲食，所以很健康，但她卻很不以為然地告訴我，一定要依照均衡飲食指南這樣才好。

我也提出我的反駁說，過去十年來都按照飲食指南所說的，少油少鹽，但我的身體狀況卻越來越不好，這是行不通的。最後她跟我說，我這樣做會得心臟病。

不久後，檢查結果出來了，我的總膽固醇308，其中高密度膽固醇52，低密度膽固醇（LDL）211，三酸甘油酯115。醫師說，我的LDL太高，要開降膽固醇的藥物給我。

然而，令我費解的是，我是當天健檢中目測起來最健康的，精神狀態良好，身材適中，沒有脂肪肝，為何營養師說我會得心臟病？醫師會要開降膽固醇的藥給我？到底發生什麼事了？

當時我完全不了解「血脂肪假說」，不了解LDL-C跟LDL-P的差別，離開檢驗中心時，我就買了一本《膽固醇其實跟你想的不一樣！》Kindle版的書，接下來還研究了許多學術論文，與其他醫師討論，最後得到一個重要發現：在一九七六年提出的「血脂肪假說」，指稱高血脂會導致心臟病，只是一個假說，一個猜測，有待時間的證明。

　　近來有許多實驗已經證明事實不是這樣，反而發炎指數、胰島素與鈣化指數等，才是預測心臟病風險的更好指標，不能只看血脂肪，而要很多變數一起看。

　　如果你對於膽固醇指標會擔心，一定要好好看完這本書，擔憂會減少許多，如果還是擔心，就來「酮好」看看大家的膽固醇在生酮飲食底下是如何變化，用了解事實來代替無謂的擔憂。

就用控肉去改善糖尿病吧！

謝旺穎／謝旺穎親子診所院長

在我的診間裡，常常發生這樣的事情⋯⋯

子女陪著家中長輩來看診，想要諮詢改善糖尿病、高血壓的建議。

子女：醫生，我爸爸有糖尿病，可以透過飲食控制，對嗎？

我：回家多吃點控肉就好了。

老人家：吃那麼油，不是會中風嗎？

我：吃油不會中風，吃油對腦袋瓜好，對身體好。

老人家：可是醫生都說，吃太多膽固醇很危險捏！

透過這樣的對話，你是否能深刻的體會到，「膽固醇對身體有害」這樣的觀念已經深植人心了？在某些人心中，甚至有著不容動搖的地位。不怪他們，以前的我也是這樣認為的。接觸細胞分子矯正醫學之前，我也是透過低脂、低醣的飲食方式，想要改善自己的健康狀態，但長達一年的時間，卻不見起色。

直到我重新拾起生理學，了解到膽固醇在身體中的角色：膽固醇濃度其實是身體發炎的指標之一，膽固醇是膽汁、荷爾蒙及修復必備的原料，當身體需求量增加時，它的濃度自然就升高了。

這才讓我恍然大悟，原本我們以為膽固醇是有害的，因此在飲食中刻意避開膽固醇，避開我們以為的膽固醇來源——油脂，沒想到不但沒有給予身體任何幫助，甚至可能導致細胞膜不健康、脂肪消化異常、賀爾蒙失調、身體發炎等後果。

我們不該只在意「結果」——膽固醇濃度上升，而是該去尋找源頭，找出導致身體增加製造膽固醇的原因。因此，在輔導的個案中，我會透過血液檢查的結果、牙齒的狀況、工作壓力、生活作息等面向，綜合分析該個案膽固醇較高的原因，從源頭著手，解決源頭的問題，膽固醇濃度自然而然就恢復到一般水平了。

　　但是，一個人的力量畢竟有限，若只侷限在診間宣導，沒到現場的家人，仍無法接受這樣的「正確觀念」，著實困擾我一陣子。

　　是心想事成？還是水到渠成？很快的，「中華低醣生酮推廣協會」已經正式成立，終於有一個正式的組織，可以與我們共同將好油、好健康的觀念帶給更多人。加上柿子文化終於完成了這本書的翻譯。他們精選書籍，慢工出細活的，才有一本教科書可以上市。在這本書中，有專家的建議，以及許多研究結果的佐證，甚至你可以透過身邊的例子去應證，你會將重新了解膽固醇對你的重要性。

　　期許未來，即使不在我的診間，大家都願意用控肉去改善糖尿病。

前　言

　　你是否曾覺得，關於膽固醇的故事，好像超出了我們的印象？多年來，大眾已經認定血液中的膽固醇濃度升高極其危險，會導致心肌梗塞、中風，甚至死亡。因此，必須採取一切必要的手段來降低膽固醇。這些手段包括減少飲食中的飽和脂肪與膽固醇，並且服用降膽固醇的處方藥物。

　　這聽起來很熟悉嗎？是的，但我們當中有些人卻特地花時間停下來問了一些簡單的問題：

- 人類的身體不是比這種過度簡化的解決方法所意指的複雜許多嗎？
- 我們的健康不應該只仰賴單一個數值（例如膽固醇）吧？
- 還有，膽固醇如何以及為什麼會變成大壞蛋呢？

　　我是吉米‧摩爾，這些是我在本書中想為你解答的幾個大哉問。

　　撰寫《膽固醇其實跟你想的不一樣！》的過程中，我去了住家附近的Sam's Club（譯註：類似好市多的會員制大賣場），他們每年為顧客提供幾次免費的基本健康檢驗。這個經驗總是讓我大開眼界，但理由跟你想像的可能不同。

　　過去十年來，我一直很熱中觀察自己的健康，那時我深深著迷於大眾文化所定義的「健康」。最佳的例子是：我去 Sam's Club 做檢驗。

　　我到那裡檢查總膽固醇和其他健康指數，因為他們免費提供這些檢驗。當我在排隊等待時，剛好不小心聽到排在我前面的年輕女性的檢驗結果。她的體脂肪是 39.7%，被視為相當高（女性的「正常」範圍是 25 至 35%），她的血壓也高得不得了，差不多是 180 ／ 120（健康的血壓是 120 ／ 80）。不過，當她的空腹血糖來到 85（八十幾都算理想），而總膽固醇是 140（低於 200 都被視為「健康」濃度）時，護理師高興地喊著：「哇！你好健康喔。你的膽固醇不到 200 耶！」

　　這位年輕女性說，她的膽固醇天生就低，護理師對此熱情地回答：「對，身體裡的那種東西（膽固醇）越少越好。」我能想到的只有：老、天、爺、啊！

　　然後輪到我了。等待我的血液檢查結果時，護理師跟我閒聊，她說我看起來非常健康有活力，預測我的數值應該很棒。然而，就在令人震驚的結果

跳出電腦螢幕時，她的熱情很快地消失了。我的總膽固醇是 322，主流的醫學標準大都認為這超出太多了。

護理師看起來就像小狗剛剛被車撞到的主人，她的語調變得低沉，神經質地問我說：「你……你、你覺得還好嗎？」我告訴她，我覺得棒極了，但我不認為她相信我說的話。

她接著問我，對於自己的膽固醇問題曾做過什麼。我向她解釋，其實我不擔心我的膽固醇。她回答說：「喔，但是你必須服用藥物，讓這些不健康的濃度下降。」我跟她說，就我看來，史塔汀（statin）之類的降膽固醇藥物帶來的傷害大於幫助。她詭異地沉默幾秒鐘後，緊張兮兮地祝我好運，堅持要送我出去，大概是想著我可能會在停車場暴斃。

健康已化約成一場數字遊戲

不幸的是，我在 Sam's Club 上演的情節並不是那麼罕見。

說到醫療界，高膽固醇自動地代表「健康不佳」。然而，一分鐘前那位護理師還說我看起來有多棒，下一分鐘在看到我的數值之後，立刻就做出最糟的假設。像她這樣的反應，促使我開始寫這本書，不只是為了幫助教育每個像你、我這樣的人，還想幫助那些堅持推動有關膽固醇老掉牙謬論的健康專家們。

我們生活在歷史上科技最進步的年代，隨時都能立即接收任何主題的訊息，當然包括健康。只要在 Bing 或 Google 這類的搜尋引擎打上幾個關鍵字，你就能得到多種網站的連結，各個都聲稱知道你的問題的答案。動動手指頭就有大量的建議。

然而「Google 博士」有個很大的缺點：可靠性的問題。訊息的來源是誰？你可以信任他們嗎？他們是否有任何偏見？訊息是否根據堅實的科學證據？當主題是你的健康時，這些問題就顯得至關重要。

到處都有許多關於膽固醇的訊息，網路也好，雜誌和報紙也好，還有電視，這些訊息全都來自於所謂的「專家」。多數訊息或彼此矛盾、或令人困惑，甚至是完全錯誤。倘若消息如此混雜，你如何能對膽固醇檢驗結果的意義為

何，做出明智的決定呢？我希望這本書能讓你看清楚自己的良好判斷，好讓你也能夠開始為自己的健康把關。

吉米・摩爾是誰，他為什麼決定寫這本書？

二〇〇四年一月，我的健康出現了大問題。當時我三十二歲，體重驚人的高達四百一十磅（約一百八十六公斤），我穿的襯衫尺寸是 5XL、褲子的腰圍是六十二吋，即便如此，每次我坐下時都覺得衣褲快被我撐破了。我依賴三種處方藥物來對治呼吸問題、高血壓，以及高膽固醇。我已親眼見證我哥哥凱文（Kevin）與病態肥胖苦苦糾纏，他在一九九九年經歷了一連串恐怖的心肌梗塞，當時他只有三十二歲（凱文最後在二〇〇八年死於心臟病、糖尿病和肥胖，當時年僅四十一歲）。考慮到我哥哥遭遇的一切，我想為自己的體重和健康問題做點什麼的動機，大概也顯而易見，從那時起，我學到很多，這本書的目的就是想跟長期被誤導的人分享一些我得到的知識。

我在另一本書《生酮治病飲食全書：酮體自救飲食者最真實的成功告白》具體地詳述了我的減重和健康轉變的故事。簡而言之，我在二〇〇四年陸續減輕了一百八十磅（約八十二公斤），並逐漸戒掉醫師開給我的三種「健康管理」藥物。

體重減輕的短短幾個月後，我就不再氣喘吁吁；不到六個月的時間，我的血壓回到正常；經過九個月後，我的膽固醇降到足以擺脫史塔汀類藥物。無論是照字面或抽象的意義，這都可說是一個徹底變化的經驗。

二〇〇五年，我開始經營標題為「過著低碳水化合物生活」（*The Livin' La Vida Low-Carb*）的部落格。我的目的是教育、鼓舞和激勵任何可能正在面臨嚴重的體重問題，以及隨之而來可預知的健康問題的人。

我的個人教育程度在一年後火速攀升，當時我成為 iTune podcast（播客）「和吉米・摩爾過著低碳水化合物生活」（*The Livin' La Vida Low-Carb Show with Jimmy Moore*）的主持人。藉由這個大受好評的網路健康廣播節目，我訪問了數百位世界級的營養、醫學、研究等方面的知名人士。我天生充滿好奇心並且渴望吸收遇到的每一分健康相關訊息，由此彌補我身為廣播主持人和

採訪者的經驗不足。經過這些年後，我仍然有強烈的決心，繼續學習並且跟全世界分享那些訊息。

截至目前為止，我已經累積了一千多集的播客，還有許多我曾經訪問過、現在我視為朋友的專家。二〇一二年，我開闢了另一個播客節目：「問問低醣專家」（*Ask the Low-Carb Experts*）。節目中，聽眾可以向特定健康主題的專家來賓提問。

一般大眾對於健康生活的好奇心一定會越來越高，因為很顯然的，我的許多聽眾因為過往得到的訊息往往無效，有時是公然（甚至故意）扭曲或不完整，而感到挫折沮喪；他們對於真相深感絕望，因為處於危急關頭的是他們自身的健康。

我做播客的目標是，提供人們準確、最新且容易了解的訊息，希望藉此能讓他們成為更聰明的患者。

多數的健康訊息既偏頗又令人費解

說到健康和醫療，科學是持續不斷改變的，如果你是開明且見多識廣的醫師或患者，學習真的是永無止境。然而，查明真相或許不是件容易的事，某些結果對於資助研究的製藥公司有既得利益，因此得出結論所使用的資料，很可能只選取支持預先構想的假設，而且研究通常匆促、偏頗或有瑕疵──是的，有時醫師的研究甚至是根據他對你的治療經驗。此外，研究結果通常需要經過許多年才會進到醫師診間，所以醫師跟你說的「最新研究」，其實可能已經過時了。

我們多數人得到的科學和健康資訊都很零碎，主要是透過媒體。遺憾的是，電視、廣播、報紙和雜誌的主要工作是賺錢，為了達到目的，這些媒體需要藉由吸引目光來增加讀者和觀眾；不幸的是，這樣的動機往往促使他們誇大資料，並且扭曲研究的真實內容。因此，我們可能很常見到新聞主播或記者只是為了讓故事更有趣或更有新聞價值，而錯誤地解讀或曲解研究。在這樣的氛圍下，希望保持健康真的既富有挑戰又令人沮喪，一般人該如何從壞的解析出好的、從假的分辨出真的呢？

　　有時我很懷疑，健康報導的混亂性質是否為故意的手段：讓人完全搞不清楚狀況，就會徹底放棄去嘗試解決，只會堅守一直信以為真的傳統觀念。例如，服用立普妥（Lipitor）或冠脂妥（Crestor）之類的降膽固醇藥物，來預防心肌梗塞會有什麼傷害呢？既然已有成千上萬的其他人選擇這些「安全網」，我為什麼不加入這一群人？有個很好的理由可以告訴你，為何你不該成為另一個不動腦的旅鼠（譯註：應是出自「旅鼠效應」〔Lemmings Effect〕，意指在團體中盲目跟從的行為。源自於迪士尼動物紀錄片〈白色曠野〉（White Wilderness），片中出現旅鼠集體跳海自殺的景象。後來經證實為造假，但已衍生出此一行為經濟學的專有名詞），因為你可能不需要它，它可能實際上對你有害。

　　就在此刻，你們有些人或許會想：醫師說我有「高膽固醇」或高膽固醇血症（那只不過是「總膽固醇」或「低密度脂蛋白膽固醇」高的花俏說詞）。他說那會讓我罹患心臟病的風險更高。吉米・摩爾，你不認識我，為什麼我要聽你的話呢？

　　或許我不認識你，但我確實知道一點：二〇〇九年一月發表在《美國心臟學期刊》的一項研究發現，因為心肌梗塞而住院的患者，幾乎有四分之三的總膽固醇濃度是在 200 以下的「正常」範圍。其中有些人正在服用降膽固醇藥物，另有一些人的膽固醇天生就低。換句話說，史塔汀類藥物並不能防止心肌梗塞發生，低膽固醇也不能。

　　雖然許多人想要相信，有些「神奇藥丸」可以對付自己所有的健康問題，尤其是史塔汀類藥物的行銷方法，就是要你相信它對你的心臟健康有益，但現實中並沒有這樣的東西存在，如果再加上史塔汀之類「降膽固醇」藥物造成的有害副作用，你的情況可能會非常麻煩。

　　關於史塔汀類藥物，我將在第五章探討它的缺點，以及何時應該使用、何時沒有必要。

　　目前我只需要告訴你，史塔汀類藥物有非常嚴重和常見的副作用，包括關節和肌肉疼痛、力量減弱和記憶喪失。許多服用史塔汀類藥物的人已超過五十五歲，因此他們或許將這些症狀單純地視為老化過程的一部分。然而，新興的資訊告訴我們，事實並非如此：原本應該增進和延長我們生命的每一顆藥，或許正在做完全相反的事。

藥商不會告訴你關於膽固醇的真相，他們靠史塔汀類藥物賺取的財富，每年高達數百億之多。既然如此，誰願意告訴你真相呢？另外更重要的是，我們該如何過有益心臟健康，而且完全不用吃藥的生活呢？

從切斷錯誤訊息開始

如果你喜歡直搗惡勢力的坦率直言，那你就來對了地方。本書書名叫《膽固醇其實跟你想的不一樣！》有一個原因：目的是讓有關膽固醇的真相完全透明公開。

這本書不是寫給醫學宅們看的，文中沒有充斥讓一般人頭昏腦脹的複雜專業術語和行話。當然，書裡還是有一些你需要知道的術語，但我們會用你能理解的語言為你說明一切。除了檢視目前關於膽固醇濃度的建議，以及它們為什麼可能無效，我們還提供所有重要膽固醇數值的實用指南、它們的理想範圍（有可能跟你知道的大不相同），以及你的飲食和生活型態可以採取什麼特殊行動，以用來解決你的膽固醇分析中任何令人煩惱的部分。

本書的訊息可能會讓你和你的醫師大為震驚，而且難以置信。靠著治療高膽固醇的藥物大發利市的公司，精心策劃了一場精采華麗的宣傳活動。我想，現在該是揭開詐欺的面紗，讓真相重見天日的時候了。

吉米・摩爾如何成為膽固醇專家？

好問題！因為我只是個受過教育且有能力的普通人，沒有接受過任何醫學、營養或其他健康相關領域的訓練，所以我預期你會質疑我，是否有權跟你分享健康方面的訊息。而且我很確定，我剛才透露了自己被多數醫學標準視為不健康的膽固醇濃度，搞不好還雪上加霜地加深你的疑惑（第 247 頁列出了我從二○○八到二○一三年的膽固醇檢驗結果）。

此外，如果（根據那些數字）你假設我沒有乖乖做我的功課，或是關於膽固醇我不知道自己在說什麼，我也不覺得訝異。只不過，那個假設是錯的。

事實上，正是因為我的總膽固醇和低密度脂蛋白膽固醇（所謂的「壞」膽固醇）已經超出建議數值許多，我才會變成這一門課中求知若渴的學生。而且就學生的角色以及做為著名的健康部落客和播客主來說，近十年來我已經擁有健康界中最棒的老師。

當人們質疑或批評我缺乏醫學和營養健康教育時，我一點都不在意，因為我欣然承認自己不知道所有問題的答案。然而，我的確擁有許多值得信賴的專家顧問，他們能回答有關健康的最迫切問題，這些人也包括我的共同作者艾瑞克・魏斯特曼醫師，他是北卡州德罕市（Durham）的內科醫師，也是《紐約時報》暢銷書《新阿金飲食法：獻給全新的你》的共同作者。他有豐富的經驗和專業知識，確保本書提供的膽固醇科學既是最新，也具備深刻的見解。此外，我還翻遍手上的健康專家名片，盡力跟健康和營養領域的領導權威進行全新的訪談。

我絕對相信這本書會有爭議，因為它挑戰了我們該如何生活和飲食的傳統觀念，那些我們從小到大接受且多數時候遵守的規則。然而，請容我再次重複：儘管主題或許複雜，但我們已盡其所能讓你容易理解它。

當你讀完這本書後，我希望你能明白有關膽固醇的一切知識，以及什麼真的有用、什麼沒用。

在那之前，請你做好心理準備，我們即將揭開許多卑鄙的不實傳聞。

認識膽固醇專家

　　在我的播客中，有幸訪問許多最棒、最聰明的專家，討論許多重要的健康相關議題。因此，當我決定寫這本書時，完全知道該找誰請教最新的膽固醇訊息和建議。

　　我很榮幸能向你們介紹這二十九位來自世界各地的專家。書裡的「澄清時間」單元，都是引述他們的說法。

凱西‧布約克（Cassie Bjork）註冊營養師

　　凱西‧布約克是有執照的註冊營養師和健康教練，以「營養師凱西」（Dietitian Cassie）為名推廣她的理念。她很熱情地協助人們透過真實、完整的食物和運動，建立平衡的生活型態。布約克致力於揭穿飲食的謠言、迷思和短暫的流行風尚，並且將研究材料化為每個人都可以執行的實際作法，教導人們如何健康飲食。她是 iTune 每週健康播客「吉米‧摩爾和朋友的低醣聊天室」（*Low-Carb Conversations with Jimmy Moore & Friends*）的共同主持人。想更了解布約克嗎？請上網站：https://www.cassie.net/

菲利普‧布萊爾（Philip Blair）醫師

　　陸軍上校布萊爾（美國陸軍退役）是家庭醫師，在幾個州為小型企業的員工提供疾病管理。他在一九七二年從美國西點軍校畢業後，進入邁阿密大學醫學院，然後受訓成為軍醫。出過三大洲和波斯灣戰爭的任務之後，他到北極圈、科迪亞克島（Kodiak Island）和紐芬蘭（Newfoundland）提供基礎醫療。

　　二〇〇〇年，他成為「創新健康策略」（Innovative Health Strategies）的

副總裁，主要進行疾病管理，發展出相當成功的慢性腎臟病介入治療，為雇主省下超過二千四百萬美元。二〇一一年，他成立自己的公司「專業健康顧問」（Pro Health Advisor），提供疾病管理策略，實質上改善了超過 75 % 的心臟病或腎臟病、糖尿病、肥胖症和代謝症候群患者的健康。二〇一二年，他與杜安・格拉韋林（Duane Graveline）醫師攜手合作，公開大聲疾呼關於史塔汀類藥物的不良效應，以及它們在反膽固醇治療上的濫用。想更了解布萊爾醫師嗎？請上網站：https://spacedoc.com/articles/philip-blair-bio

約翰・布里法（John Briffa）營養學專家

布里法博士是英國的執業醫師、作者和國際講者，也是營養與健康方面的傑出權威專家。過去曾為《每日郵報》和《觀察家報》撰寫專欄，目前仍定期投稿倫敦《泰晤士報》。他為歐洲和北美的組織機構演講及打造計畫，以期達到最理想的健康、效力和永續性，此外，他也是廣播和電視的常客。他一共編寫了八本著作，其中包括暢銷書《逃離飲食陷阱》。想更了解布里法博士嗎？請上網站：http://www.drbriffa.com/

喬尼・鮑登（Jonny Bowden）博士

鮑登博士是暢銷書《膽固醇的重大迷思》的共同作者。以「流氓營養學家」（The Rogue Nutritionist）著稱的他，被 Greatist.com 評選為健康與體適能方面百大最有影響力的人士之一。

鮑登博士是全國知名的減重和營養專家、委員會認證營養學家，以及十三本健康暢銷書的作者。他也是電視和廣播的常客，曾經出現在《奧茲醫師秀》（The Dr. Oz Show）、《醫師們》（The Doctors）、CNN、MSNBC、福斯新聞（Fox News）、ABC、NBC 和 CBS 等各頻道。他曾擔任《男士健康》雜誌的編審委員會成員、《皮拉提斯

雜誌》的營養編輯，並且經常投稿《乾淨飲食雜誌》、《營養加分雜誌》，以及「全方位健康雜誌線上版」（*Total Health Online*）。此外，鮑登博士撰寫的文章也發表在各大平面媒體和網站，包括《紐約時報》、《華爾街日報》、《富比世》、《時代雜誌》和《GQ》。他是洛杉磯 ABC-TV（ABC-TV Los Angeles）的固定專家來賓，並且在多家天然產品企業中擔任科學諮詢。想更了解鮑登博士嗎？請上網站：https://jonnybowden.com/

多明尼克・達古斯提諾（Dominic D'Agostino）博士

達古斯提諾博士是南佛羅里達大學分子藥理暨生理學系的助理教授，教授神經藥理學、高壓醫學、醫學生物化學和營養生理學。他的研究著重於發展和測試生酮飲食、限制熱量飲食、酮酯，以及誘發營養性／治療性酮症的酮補充劑。這些代謝療法，可以用來治療各式各樣病理生理學上與代謝失調有關的疾病。他的研究獲得許多機構的支持，包括「海軍研究辦公室」（Office of Naval Research，ONR）、「國防部」（Department of Defense，DoD），以及努力治療代謝疾病、神經疾病和癌症的私人基金會。想更了解達古斯提諾博士嗎？請上網站：http://www.dominicdagostino.com/

威廉・戴維斯（William Davis）醫師

戴維斯醫師是心臟科醫師，也是《紐約時報》暢銷書《小麥完全真相》的作者，這本書首度揭發一九七〇年代基因改造、高產量小麥的危險性。他畢業於聖路易斯大學醫學院，在俄亥俄州立大學醫院完成實習和住院醫師訓練後，繼續在俄亥俄州立大學心血管醫學系擔任研究醫師，並且在克里夫蘭的「都會健康醫療中心」（Metro Health Medical Center）和「凱斯西儲大學醫院」（Case Western Reserve University Hospitals）接受進階血管形成術的訓練，隨後繼續留任做

為心血管專科研究的主任和醫學院的助理教授。目前他在威斯康辛州的密爾瓦基市（Milwaukee）開業從事心臟科醫師。想更了解戴維斯醫師嗎？請上網站：http://www.wheatbellyblog.com/

湯瑪士・戴斯賓（Thomas Dayspring）醫師

戴斯賓醫師是維吉尼亞州里奇蒙市（Richardmond）「健康改善與科技基金會」（Foundation for Health Improvement and Technology）的心血管教育主任，也是「美國醫師協會」（American College of Physicians）和「國家血脂學會」（National Lipid Association，NLA）的會士，並且獲得「北美更年期學會」（North American Menopause Society）的血脂學和更年期醫學認證。他是紐澤西醫學及牙醫大學紐澤西醫學院的臨床助理教授，曾於紐澤西執業了三十七年。

戴斯賓醫師到各地演講有關粥狀動脈栓塞症、脂蛋白和血管生物學、脂蛋白檢驗，以及心臟病的性別差異。他已進行四千多場的國內和國際演講，包括過去十五年來五百多場的「醫學進修教育」（continuing medical education，CME）計畫。他列名在《美國頂尖醫師指南》之中，也是《臨床血脂學期刊》的編輯委員。他因為在臨床血脂學領域的貢獻，於二〇一一年榮獲「國家領導獎」著名的「總統獎」。想更了解戴斯賓醫師嗎？請上網站：https://twitter.com/drlipid

大衛・戴蒙（David Diamond）博士

戴蒙博士是南佛羅里達大學心理學、分子藥理學和生理學系的神經科學家，並且擔任坦帕榮民醫院（Tampa Veterans Administration Hospital）的職業科學家。他感興趣的研究領域，包括學習和記憶的神經生物學、壓力對腦和行為的影響、創傷後壓力症候群（PTSD）的動物模式、遺忘寶寶症候群的神經生物學，以及營養和健康。

膽固醇議題是戴蒙博士的個人問題，他與高得驚人的三酸甘油脂纏鬥數年，後來才理解如何透過營養達到正常濃度。想更了解戴蒙博士嗎？請上網站：http://psychology.usf.edu/faculty/diamond/

羅恩・埃利克（Ron Ehrlich）醫師、牙醫學士、澳洲營養與環境醫學學院院士

埃利克醫師是澳洲主要的全觀式牙醫（譯註：看牙時不只檢查牙齒，還全方面考慮整個身體的牙醫）之一，一九八三年在澳洲雪梨市成立「雪梨全觀式牙科中心」（Sydney Holistic Dental Centre，SHDC.com.au）。他是「澳洲營養及環境醫學學院」（Australian College of Nutritional and Environmental Medicine，ACNEM）的院士暨委員會成員，目前擔任該組織的「倡議及政策委員會」（Advocacy and Policy Committee）主席。

埃利克醫師也是「滋養澳洲」（Nourishing Australia）的共同創辦人和委員會成員，這是非營利組織，致力於告知和教育人們有關滋養土壤、植物、動物、人類、社群，以及最終的地球，有多麼至關重要，希望能啟發人們為此採取行動。「滋養澳洲」以土壤到餐盤的取向，將全觀式農場管理和全觀式健康照護結合在一起。

埃利克醫師一方面在雪梨市進行臨床執業，同時也經常到處演講、定期在新聞媒體出現，並且為一般大眾和醫療保健專家舉辦工作坊，從獨特的口腔健康觀點探討健康與安適。目前他擔任 iTune 每週播出的播客「好醫師」（The Good Doctors-Healthcare Unplugged）的共同主持人。想更了解埃利克醫師嗎？請上網站：https://drronehrlich.com/

傑佛瑞・格伯（Jeffry N. Gerber）醫師

格伯醫師是委員會認證的家庭醫師，在科羅拉多州的利特爾頓市（Littleton）開設「南城郊家庭醫學」（South Suburban Family Medicine），

他在那裡是相當知名的「丹佛飲食醫師」。從一九九三年起，他一直都為當地社區提供個人化的健康照護，並且延續強調長壽、安適和預防的傳統。由於格伯醫師對治療疾病（像是糖尿病、動脈粥狀硬化和心臟病等）的相關保健費用不斷上升而感到失望，因此把焦點放在預防和治療計畫，希望利用低醣高脂（low-carb, high-fat，LCHF）、先祖、原始人和原始飲食，來解決過重和糖尿病等問題。

他有個患者資料庫，藉由探討他們的體重減輕和心血管代謝數值改善，證明這些飲食類型是否有益；重新定義「健康營養的意義為何」是他的主要目標之一。格伯醫師經常對患者、社區和其他的醫療保健專家，講述這些重要議題。想更了解格伯醫師嗎？請上網站：https://denversdietdoctor.com/

大衛・葛拉斯彼（David Gillespie）

葛拉斯彼是在澳洲布里斯本執業的律師，他發現減少自己飲食中的糖分，逆轉他失敗了一輩子的飲食。他在沒有節食也沒有增加運動的情況下，十八個月內減輕八十八磅（約四十公斤）：唯一做的只有減少糖分。更棒的是，他的體重已經保持十年不變。葛拉斯彼的經驗激發他撰寫《甜蜜毒藥》，這本書探討的是糖攝取和糖上癮的科學和危險性。後來他又出版《甜蜜毒藥戒斷計畫》，一步一步地指導讀者如何從飲食中減少糖分攝取。

近年來，葛拉斯彼已經出版《天大的謊言》和《有毒的油》，兩本書都特別注重脂肪在飲食中扮演的健康角色，以及 ω-6 脂肪酸與心臟病之間的關聯。想更了解葛拉斯彼嗎？請上網站：SweetPoison.com.au

杜安・格拉韋林（Duane Graveline）醫師

格拉韋林醫師在佛蒙特大學獲得醫學學位後，進入沃爾特・里德陸軍醫療中心（Walter Reed Army Hospital）擔任實習醫師，並且在約翰霍普金

斯大學獲得公共衛生的碩士學位。一九六二年，格拉韋林被分派到「航空航天醫學研究實驗室」（Aerospace Medical Research Laboratory）擔任研究科學家，並受委任成為「國家航空暨太空總署」（National Aeronautics and Space Administration，NASA）的飛行管制員，執行「水星和雙子星計畫」（Mercury and Gemini Program）。一九六五年五月，他獲選為 NASA 的六名科學家太空人之一。

離開 NASA 後的二十五年，他都擔任家庭醫師，期間在一九八二年暫時中斷六個月，回到 NASA 的「甘迺迪太空中心」（Kennedy Space Center），主要負責手術。

從醫療執業退休之後，他在服用立普妥期間經歷兩次暫時性全面失憶症事件，這是 NASA 醫師為了控制他的高膽固醇而開立的藥。接下來，他花了十幾年的時間深入研究史塔汀類藥物的副作用，有四本著作是關於膽固醇和史塔汀類藥物的副作用：《偷走記憶的立普妥》、《史塔汀藥物的副作用》、《史塔汀的傷害危機》和《史塔汀類藥物的黑暗面》。想更了解格拉韋林醫師嗎？請上網站：https://spacedoc.com/

保羅‧傑敏涅（Paul Jaminet）博士

傑敏涅博士是「哈佛－史密森尼天文物理中心」（Harvard-Smithsonian Center for Astrophysics）的天文物理學家，之後在網路熱潮期間成為軟體創業家。現在，他為創業公司提供策略諮詢。傑敏涅博士為克服慢性病所做的努力，讓他和妻子守菁（Shou-Ching，音譯）進行長達七年的研究，試圖改進和提升原始人飲食（Paleo diet）。他們將成果集結成《完美的健康飲食》。這本書出版以來，已有許多讀者藉此自行療癒慢性疾病、減輕體重，並且改善他們的健康、心情和整體的幸福安康。傑敏涅博士目前擔任「先祖健康協會」（Ancestral Health Society）的《演化與健康期刊》編輯。想更了解傑敏涅博士嗎？請上網站：http://perfecthealthdiet.com/

馬爾科姆．肯德里克（Malcolm Kendrick）醫師

肯德里克醫師畢業於蘇格蘭亞伯丁市（Aberdeen）的醫學院，目前在英國擔任全科醫師。他對心血管疾病的流行病學特別感興趣，已經在許多期刊發表相關論文，包括《英國醫學期刊》。他為「歐洲心臟醫學會」（European Society of Cardiology）創設線上教育系統，並且為英國的「國家臨床卓越研究院」（National Institute for Clinical Excellence，NICE）建立第一個網站。肯德里克醫師發表的主題相當廣泛，他在二〇〇九年因為心血管醫學領域的研究被選進《名人錄》。他的著作包括暢銷書《膽固醇大騙局》。他能講授多種醫學主題，也是「膽固醇懷疑論國際網絡」（International Network of Cholesterol Skeptics，THINCS）的成員，這個團體的科學家和研究者想分享的是「膽固醇不會造成心血管疾病」的信念。想更了解肯德里克醫師嗎？請上網站：https://drmalcolmkendrick.org/

羅納德．克勞斯（Ronald Krauss）醫師

克勞斯是「奧克蘭兒童醫院暨研究中心」（Children's Hospital Oakland Research Institute）的動脈硬化研究主任暨資深科學家、加州大學舊金山分校醫學系和加州大學柏克萊分校營養學系的兼任教授，以及「勞倫斯柏克萊國家實驗室」（Lawrence Berkeley National Laboratory）基因組科學部門的客座資深科學家。

他以優異的成績在哈佛大學完成大學和醫學學位。克勞斯醫師是委員會認證的內科醫學、內分泌學和新陳代謝醫師，同時是「美國臨床研究學會」（American Society for Clinical Investigation）的成員、「美國營養學會」（American Society of Nutrition）和「美國心臟協會」的會士，以及「國際動脈粥狀硬化學會」（International Atherosclerosis Society）的傑出院士。他曾任職「美國國家膽固醇教育計畫偵測、評估和治療成年人高膽固醇血症專家

小組」（U.S. National Cholesterol Education Program Expert Panel on Detection, Evaluation, and Treatment of High Blood Cholesterol in Adult）；也是「美國心臟協會營養、運動和代謝評議會」（AHA Council on Nutrition, Physical Activity, and Metabolism）的創始主席，並且擔任「美國心臟協會」的全國發言人。

他已發表了四百多篇的研究論文和評論，內容是關於遺傳、飲食和藥物對血漿脂蛋白和冠狀動脈疾病的影響。近年來，克勞斯醫師關注的研究是：基因跟飲食和藥物治療的交互作用，對於代謝表現型和心血管疾病風險有何影響。想更了解克勞斯醫師嗎？請上網站：http://www.chori.org/Principal_Investigators/Krauss_Ronald/krauss_overview.html

弗萊德・庫默勒（Fred Kummerow）博士

庫默勒博士於一九一四年十月四日在德國柏林出生。當他九歲時，全家移民到美國，定居在威斯康辛州的密爾瓦基市。

庫默勒博士就讀威斯康辛大學麥迪遜分校，獲得化學的學士學位和生物化學的博士學位。一九四三到一九四五年之間，他在南卡州的克萊門森大學研究用菸鹼酸和鐵來強化碎玉米，預防糙皮症。

解決糙皮症危機後，他前往堪薩斯州曼哈頓市的堪薩斯州立大學，後來在一九五〇年成為伊利諾大學香檳分校的職員。他在伊利諾大學的漫長職業生涯中，孜孜不倦地努力尋找心臟病的成因和治療方法。

庫默勒博士於二〇一七年五月三十一日去世，享壽一百零二歲。關於庫默勒博士的詳細介紹，請見維基網站：https://en.wikipedia.org/wiki/Fred_Kummerow

德懷特・倫德爾（Dwight C. Lundell）醫師

倫德爾醫師執行心血管和胸腔外科手術已有超過二十五年的經驗，他是

「非體外循環」心臟手術的先驅,這種方法能減少手術的併發症和恢復時間。他榮登「心跳名人堂」(Beating Heart Hall of Fame),並且長達十年都名列《鳳凰雜誌》的頂尖醫師。身為專業領域公認的領導權威,倫德爾醫師為各種主要的醫療器材製造商提供諮詢和建議。

二〇〇五年,他發現心臟病大多可以預防,並且認為將焦點全放在膽固醇是一種誤導。因此,他結束手術的工作,在接下來職業生涯中,轉而注重教育人們有關心臟病的真正原因。倫德爾醫師已出版兩本書《心臟病的療法》和《膽固醇的漫天大謊》,並且持續進行有關心臟病和適當人體營養的演講及書寫。想更了解倫德爾醫師嗎?請上網站:http://thecholesterollie.com/aff/

羅伯・魯斯提(Robert Lustig)醫師

魯斯提醫師是加州大學舊金山分校內分泌科的小兒科教授。他是神經內分泌學家,研究並臨床照護肥胖症和糖尿病的患者。

魯斯提醫師在一九七六年從麻省理工學院畢業,然後在一九八〇年於康乃爾大學醫學院獲得醫學博士。一九八三年,他在聖路易斯兒童醫院(St. Louis Children's Hospital)完成小兒科住院實習,並且在一九八四年於加州大學舊金山分校完成臨床專科研究。

從那之後,他有六年的時間在洛克菲勒大學擔任神經內分泌學的研究員。他發表了許多學術論文,並在二〇一三年出版《雜食者的詛咒:肥胖,正在蔓延——現代食品工業生態如何毀了你的身材和健康》。這本書的靈感來自他的演講影片《糖:苦澀的真相》(Sugar: The Bitter Truth),這支爆紅的 Youtube 影片已有超過七百萬的瀏覽人次。

魯斯提醫師也主持非營利的「可靠營養研究院」(Institute for Responsible Nutrition),這是致力於改善人們的食物供應的智庫。想更了解魯斯提醫師嗎?請上網站:http://profiles.ucsf.edu/Robert.lustig

克里斯・馬斯特強（Chris Masterjohn）博士

　　馬斯特強博士創建了名為「膽固醇與健康」（Cholesterol and Health）的網站（http://www.cholesterol-and-health.com/），致力讚頌營養密集、富含膽固醇的全食物有何益處，並且詳細說明膽固醇在體內扮演的許多美妙角色。他編寫了一些專門探討脂溶性維生素、血脂、脂肪肝和心臟病的同儕審查刊物。他從康乃狄克大學獲得營養學博士，之前在伊利諾大學擔任博士後研究員，主要研究維生素A、D和K之間的交互作用。二〇一四至二〇一六年十二月，在紐約城市大學布魯克林學院擔任健康與營養科學助理教授，目前則進行獨立研究，從事諮詢與健康相關產品研究合作。想更了解馬斯特強博士嗎？請上網站：http://www.cholesterol-and-health.com/

唐納德・米勒（Donald Miller）醫師

　　米勒醫師是華盛頓大學醫學院心臟胸腔外科部門的外科教授和前主任。他從哈佛醫學院獲得醫學博士後，到紐約的「哥倫比亞長老教會醫學中心」（Columbia-Presbyterian Medical Center）進行心臟外科訓練，然後在一九七五年搬到西雅圖，成為華盛頓大學的外科教員。

　　目前他主持「西雅圖退伍軍人管理醫學中心」（Seattle Veterans Administration Medical Center）的心臟胸腔外科計畫，並在那裡教授華盛頓大學心臟胸腔外科住院醫師如何進行心臟手術。

　　米勒醫師研究並撰寫大量有關飽和脂肪、維生素D、碘、硒和氟化物的文章，全部刊載於LewRockwell.com。

　　他也寫了兩本關於心臟外科的書：《冠狀動脈繞道手術的實行》、《心臟手術圖解大全》。第三本書《手中的心》探討的是阿圖爾・叔本華（Arthur Achopenhauer）的哲學，以及他身為心臟外科醫師的人生。想更了解米勒醫師嗎？請上網站：http://donaldmiller.com/

拉凱什・帕特爾（Rakesh "Rocky" Patel）醫師

帕特爾醫師是「亞利桑那太陽家庭醫學初級診療所」（Arizona Sun Family Medicine, PC）負責人，並獲得「美國家庭醫學委員會」（American Board of Family Medicine）的委員會認證。

他在一九九一年從密西根大學獲得人類學暨動物學學士學位，然後在一九九五年於韋恩州立大學醫學院獲得醫學學位。

一九九八年，帕特爾醫師在密西根州迪爾伯恩市（Dearborn）的「奧克伍德醫院及醫學中心」（Oakwood Hospital and Medical Center）完成家庭醫學住院實習，並且擔任住院總醫師。他從一九九八年起一直在私人診所執業，主要的臨床焦點是早期偵察及預防心臟病和糖尿病。想更了解帕特爾醫師嗎？請上網站：http://rocky.md/

烏弗・拉門斯可夫（Uffe Ravnskov）醫師、博士

拉門斯可夫博士是獨立的丹麥研究者，也是各種國際科學組織的成員，過去曾在瑞典擔任私人開業醫師。

近年來，他因質疑有關血脂假說的科學共識而聲名狼籍。

他是「瑞典醫學協會」（Swedish Medical Association）期刊（醫學期刊 *Läkartidningen*）小組、「國際科學監督委員會」（International Science Oversight Board）和「國際脂肪酸和血脂研究學會」（International Society for the Study of Fatty Acids and Lipids）的成員，並且擔任「膽固醇懷疑論國際網絡」（THINCS）的發言人。

他有三本關於膽固醇主題的著作，包括《膽固醇的迷思》、《忽略棘手證據：如何在膽固醇迷思中維持活力》，以及《脂肪和膽固醇對你有益》。想更了解拉門斯可夫博士嗎？請上網站：http://www.ravnskov.nu/cholesterol/

佛來德・帕斯卡托爾（Fred Pescatore）醫師

帕斯卡托爾醫師是受傳統訓練的內科醫師，主要執行營養醫學。他是國際認可的健康、營養和減重專家，也是《紐約時報》暢銷書《漢普頓飲食法》和暢銷排行榜第一名的兒童健康書《孩子吃什麼好》的作者。帕斯卡托爾醫師的其他著作包括：《「輕」鬆好生活》、《過敏和氣喘的治療》，以及《漢普頓飲食法食譜》。想更了解帕斯卡托爾醫師嗎？請上網站：https://drpescatore.com/

斯蒂芬妮・塞內夫（Stephanie Seneff）博士

塞內夫博士是麻省理工學院「電腦資訊與人工智慧實驗室」（Computer Science and Artificial Intelligence Laboratory）的資深研究科學家。她從麻省理工學院獲得學士學位，主修生物、副修食物和營養，然後同樣在該校獲得電機工程與電腦資訊的博士學位。

她是數篇論文的第一作者，提出的理論包括低微量營養素、高醣飲食促成代謝症候群和阿茲海默症，以及硫缺乏、環境毒素和日照不足對許多現代症狀和疾病的重大影響，像是心臟病、糖尿病、關節炎、腸胃問題和自閉症。她經常投身「溫斯頓・普萊斯基金會」（Weston A. Price Foundation）主持的工作坊，近期基金會授予她「科學誠信」（Scientific Integrity）的殊榮。想更了解塞內夫博士嗎？請上網站：http://people.csail.mit.edu/seneff/

肯恩・施卡里斯（Ken Sikaris）營養學家、醫學學士、澳洲皇家病理學院院士、澳洲臨床生物化學協會會士

施卡里斯博士畢業於澳洲墨爾本大學的科學與醫學科系，並且接受化學病理學的醫學專科訓練，之後的第一個職位是「墨爾本聖文森醫院」（St

Vincent's Hospital）的化學病理學主任，工作包括指導血脂（膽固醇）專門實驗室。他也參與血脂研究，並且在血脂診所執業。過去二十年來，他任職於私人病理公司，每天管理數千名患者的血液檢驗。目前他在全世界第三大的病理公司「索尼克健康照護」（Sonic Healthcare）工作，擔任這家公司的臨床支援服務主任。他也在墨爾本大學的病理學系擔任副教授。想更了解施卡里斯博士嗎？請上網站：http://mps.com.au/about-us/pathologists/pr-list/dr-ken-sikaris.aspx

凱特・莎娜漢（Cate Shanahan）醫師

莎娜漢醫師是家庭醫師，也是美國有關長壽和營養的權威。她在康乃爾大學接受生物化學和遺傳學的訓練，關於檢測工業成分對個體和跨世代的影響有二十年的經驗，深知它們對於新陳代謝、基因表現、關節功能、大腦健康和骨骼發育的干擾程度。她有兩本著作：《深度營養：基因決定你需要傳統飲食》和《飲食法則：醫師的健康飲食指南》。她為洛杉磯湖人隊設計新的飲食，並且為了嘉惠成人與兒童，她也致力於讓來源良好的食物比含糖運動飲料更吸引人。想更了解莎娜漢醫師嗎？請上網站：http://drcate.com/

派蒂・西利－泰利諾（Patty Siri-Tarino）博士

西利－泰利諾博士是「奧克蘭兒童醫院暨研究中心」的「家庭心臟和營養中心」（Family Heart and Nutrition Center）計畫主任和副研究員。

她的興趣是將營養學研究帶入社區，讓人透過教育和技術訓練（包括正念和冥想），擁有過著健康快樂生活的能力。她的研究專長是與胰島素阻抗和肥胖有關的血脂異常背後的機制。

西利－泰利諾博士設計並進行了臨床研究，評估血脂分析中的飲食和藥理調節作用。最近，她共同撰寫了幾篇文章，重新評估飽和脂肪與心血管疾病風險的關聯。西利－泰利諾博士在美國塔夫茨大學獲得生物和德國區域研究的學士學位、在荷蘭伊拉斯莫斯大學獲得流行病學碩士，然後在美國哥倫比亞大學獲得營養學博士。想更了解西利－泰利諾博士嗎？請上網站：http://www.chori.org/FHNC/FHNC_leadership.html

馬克・希森（Mark Sisson）

馬克・希森是低醣運動的著名權威，也是以演化為基礎的健康、體適能和營養方面的專家。身為知名的研究者、作者和講者，希森將個人與職業生活全都投注在提供健康、安適和減重的永續解決之道。他是亞馬遜暢銷書《原始藍圖》的作者，也是「原始營養公司」（Primal Nutrition, Inc.）的創辦人和執行長，這個公司提供健康教育的教材以及改善生活的營養保健食品。

馬克・希森在威廉斯學院獲得學士學位，主修生物學。他身為耐力極佳的優秀運動員，曾在一九八〇年的「美國國家馬拉松錦標賽」名列第五，並且在一九八二年的「夏威夷鐵人三項」名列第四。想更了解馬克・希森嗎？請上網站：https://www.marksdailyapple.com/

蓋瑞・陶布斯（Gary Taubes）

蓋瑞・陶布斯是《科學》雜誌的特約記者，文章也發表在《大西洋》、《紐約時報雜誌》、《君子》，以及《全美最佳科學著作精選》（二〇一〇年版）。他曾三度榮獲「美國科學作家協會」（National Association of Science Writers）頒發的「科學社會新聞獎」，是唯一獲得此項殊榮的新聞工作者。

蓋瑞目前在加州大學柏克萊公共衛生學院健康政策研究所的「羅伯特・

伍德・強森基金會」（Robert Wood Johnson Foundation）擔任研究員。他的著作有《紐約時報》暢銷書《好卡路里・壞卡路里》、《面對肥胖的真相：少吃多動不會瘦，「胖」這回事和你想得不一樣！》，及二〇一七年出版的《反糖案》，希望能夠揭穿有關我們在飲食、減重和健康方面受到的誤導。蓋瑞也共同創辦適用 501(c)(3) 免稅條款的非營利組織「營養科學計畫」（Nutrition Science Initiative，NuSi），目的是促進和資助嚴謹且控制良好的實驗，期望能明確解決許多重大的營養爭議，並肯定地回答「是什麼構成健康的飲食」這個問題。想更了解蓋瑞・陶布斯嗎？請上網站：http://garytaubes.com/

　　關於膽固醇這個主題，他們全都是專家中的專家。此外，我的共同作者艾瑞克・魏斯特曼醫師也會在全書穿插出現的「醫師的證言」中，分享他的個人想法。現在，我們就先來看看第一個吧！

艾瑞克・魏斯特曼 醫師的證言 ⋯⋯⋯⋯⋯⋯⋯⋯

我很高興成為共同作者，與吉米・摩爾一起寫這本書，幫助你看懂自己的血液膽固醇數值。至今我已認識吉米多年，親眼目睹他的奇妙旅程。我個人可以保證，他對這個主題絕對很有把握。

⋯⋯⋯⋯⋯⋯⋯⋯⋯⋯⋯⋯⋯⋯⋯⋯⋯⋯⋯⋯⋯⋯⋯⋯

　　如果引述我的專家朋友的「澄清時間」單元，對你來說有些太複雜，難以徹底了解，你也完全不必擔心。我會運用你在生活中可以掌握、接受和使用的語言，解釋所有你需要知道的相關基本訊息。

　　不如，我們現在立刻出發？洗刷膽固醇的罪名，還它一個清白，就從此時此刻開始！

CONTENTS

膽固醇的真面目

Chapter 1

什麼是膽固醇，
以及為什麼你需要它？

幾十年來，健康專家好意地告訴我們，膽固醇是不需要的東西，或膽固醇太多有礙健康，甚至還開發出專門對抗這個問題的藥物。

接下來的內容或許會讓你感到有趣，因為我將告訴你，為什麼你確實需要膽固醇。先講個簡單的事實：**你的身體如果沒有膽固醇，可能無法生存！**

澄清時間

膽固醇對身體的功能相當重要；若沒有膽固醇，你就活不下去。事實上，血液中多數膽固醇是由我們的身體製造。我認為許多人不了解這個概念。人們錯誤地以為膽固醇大多從食物而來，但這不是真的。膽固醇被用來製造雌激素和睪固酮這類荷爾蒙，然後送到腎上腺協助合成荷爾蒙、修復神經，以及製造消化脂肪所需的膽汁，它是我們細胞的結構成分，還會合成維生素 D。

膽固醇在我們身體裡扮演的角色舉足輕重，我們真的少不了它。如果膽固醇的濃度太低，也有可能對我們的健康造成負面影響，像是自體免疫疾病的徵兆，甚至是癌症。

——凱西・布約克

膽固醇是人體最重要的分子之一，一旦缺乏膽固醇，我們很快就會死亡。它跟製造維生素 D 和形成許多重要性荷爾蒙有關，它是細胞膜的組成部分，而且還是生產膽汁（膽汁是乳化和消化脂肪的幕後功臣）的必需品。

——馬克・希森

膽固醇是油油的蠟狀物質，主要是在肝臟生產。若要維持人類和動物的生命，都絕對少不了它。

倘若缺乏膽固醇，我們的細胞可能無法自我修復，可能無法維持適當的荷爾蒙濃度，可能無法好好地從太陽吸收維生素 D，可能無法調節鹽分和水分的平衡，而我們也可能無法消化脂肪。

對了，膽固醇還可以增進記憶和提高血清素（讓我們開心的化學物質）的濃度。這樣聽來，膽固醇真的很重要，是不是？等等，還不只這些。

澄清時間

化學上，血液中的膽固醇跟食物裡的膽固醇完全相同，因為只有一種分子被認為是膽固醇。

但這並不代表你體內的多數膽固醇來自於食物。理由是，我們對膽固醇有一定的需要，而且相當謹慎地調節這項需要。因此，如果我們吃進很多膽固醇，身體就會少製造一點；如果我們吃的膽固醇不多，身體就會多製造一些。

一般來說，血液裡循環的膽固醇，多數是由自己的身體所製造的。吃進多少含有膽固醇的食物，對血液的膽固醇濃度沒有太大影響。雖然可能有個別差異，但通常飲食中的膽固醇含量，絕對不是血液或身體裡膽固醇濃度的主要決定因素。

——克里斯・馬斯特強

二〇一三年四月，我到聖地牙哥參加「美國減重醫師學會」（American Society of Bariatric Physicians）的醫學研討會。其中一位講者彼得・阿提亞（Peter Attia）醫師的題目是「關於膽固醇的真實消息」（The Straight Dope on Cholesterol，在谷歌搜尋引擎上以這串文字可以找到他在部落格發表的十篇同主題系列文章），他在演講中提出一個迷人的論點：**透過飲食攝取的膽固醇，只有 15 % 會被身體吸收和利用，其他的 85 % 都被排出。**

他的結論是，我們攝取的膽固醇，對血流中的膽固醇濃度影響甚微！一想到我們是多瘋狂地想避開富含膽固醇的飲食，我就無法不去想到這個獨排眾議的論點。

你知不知道膽固醇有些驚人的抗氧化性質，實際上能幫助你預防心臟疾病？這很諷刺，對吧？

膽固醇濃度升高的原因很多：可能是你的身體對發炎（這是我們將在第二章探討的重要概念）的反應，也可能是你的身體某個部分功能異常的徵象（例如，你的甲狀腺功能低下）。之後，我會再次提到這些和其他膽固醇濃度上升的可能原因。現在你只需要知道，當你的免疫系統受到攻擊時，膽固醇是一道重要防線。

因此，人為地用藥降低膽固醇濃度，可能使你更容易遭受微生物或細菌對健康的嚴重破壞。你對膽固醇是不是更有興趣了呢？或者只有一點？

澄清時間

低密度脂蛋白（low-density lipoprotein，LDL）粒子擔任體內的偵察員或守衛，負責偵測像微生物這類的外來威脅。LDL 粒子非常脆弱且容易氧化，當它接觸到細菌的細胞壁成分時，很快會變成「氧化 LDL」，而無法被想吸收脂肪的細胞接受。

反倒是白血球會接受氧化 LDL，並針對把 LDL 氧化的微生物發動適當的免疫反應。這就是為什麼高濃度的氧化 LDL 與許多健康問題有關的原因，因為這表示你的體內有很多不應該存在的外來物，一直在刺激你的免疫系統。

——保羅·傑敏涅

但我還是很擔心膽固醇會「阻塞」動脈

澄清時間

我認為膽固醇理論表面上真的很有說服力。如果取出阻塞動脈的東西，你會在裡面找到膽固醇，這有可能讓它看起來很像是造成心臟病的罪魁禍首。

動脈粥狀硬化斑塊的複雜程度，其實不僅止於膽固醇。但事實擺在眼前，還有其他證據顯示某些族群的高膽固醇與心臟病有關，這讓膽固醇假說

好像更有道理，我想，至少乍看之下是如此。

——約翰・布里法

　　這在邏輯上看似有它的道理：吃進身體的大量飽和脂肪與膽固醇，阻塞你的動脈，非常像是一大堆油膩的殘渣阻塞廚房水槽的水管。這種畫面很容易想像又生動，但也大錯特錯！

　　因為你的動脈一點也不像水槽底下的水管。我之前查過相關資料，正常的人體體溫大約是攝氏三十七度，飽和脂肪在這個溫度下其實是會融化的，這就跟大熱天時把一塊奶油放在門外一樣，過不多久，你就會發現門口有一灘融化的奶油。

澄清時間

身體運送脂肪和膽固醇的方法十分有趣，因為它們不是從腸道直接進入血流，而是透過淋巴結運輸，直達進入心臟的大靜脈。

基本上，身體希望把膽固醇和脂肪直接送往心臟，讓它能優先使用。身體必須先確定心臟最先獲得足夠的膽固醇和脂肪，因為身體知道心臟需要它們。

心臟渴望獲取膳食膽固醇和脂肪，而腸道隨時準備為心臟提供這些，這樣的設計讓我們知道，心臟需要膽固醇和脂肪。至於其他東西，則是先直接送往肝臟，之後再被身體的其他部位使用。

——斯蒂芬妮・塞內夫

　　克里夫蘭醫學中心（Cleveland Clinic）的麥可・羅斯伯（Michael Rothberg）博士是〈冠狀動脈疾病是因為血管阻塞：錯誤的概念模式〉的作者，這篇論文於二〇一三年一月發表於美國心臟協會的科學期刊《循環：心血管質量與後果》。

　　他寫這篇文章，是為了回應他在《紐約時報雜誌》看到的一則充滿挑釁的健康廣告，廣告中用阻塞血管的畫面推銷心導管實驗室。沒錯，畫面很「簡單、熟悉，而且有感染力」，他在文章中如是說。遺憾的是，他補充說：「但這也是大錯特錯！」

安塞爾・基斯和脂質假說：錯誤訊息的簡短歷史

澄清時間

過去沒有什麼人在乎膽固醇，直到韓戰期間，當時我們發現相當高比例的年輕人有顯著的動脈粥狀硬化斑塊。那時每個人都很激動，開始深入探究這個情況。長久以來我們都知道，這種斑塊除了其他的細胞殘骸，裡面也含有膽固醇。就是從那時起，矛頭便指向了膽固醇。

——德懷特・倫德爾

在我多數的心臟科醫師同事看來，膽固醇是心臟病的首要成因一事仍有爭議。如果是在一九六三年，這就有些價值。

——威廉・戴維斯

　　一八五六年，德國的病理學家魯道夫・菲爾紹（Rudolf Circhow）首先提出了「人類的動脈管壁內側如果有膽固醇累積，會導致動脈粥狀硬化和心臟疾病」的想法。

　　這個想法在一九一三年逐漸受到歡迎，當時有位名叫尼可拉・阿尼契科（Nikolai Anitschkow）的俄國病理學家發現，餵食兔子膽固醇會導致動脈粥狀硬化斑塊（兔子是草食動物，因此生理上無法適應有膽固醇的食物，這個事實從來都沒有被提及）。

　　然而，一九五一年，喬治・達夫（George Duff）和嘉德納・麥克米倫（Gardner McMillan）發表在《美國醫學期刊》的〈脂質假說〉（*Lipid Hypothesis*）一文，真正地啟動了反膽固醇的行動。

　　〈脂質假說〉吸引了美國科學家安塞爾・基斯（Ancel Keys）的注意，後世大多認為他是「膽固醇－心臟假說」之父。一九五六年，美國心臟協會認可基斯的「七國研究」，此項研究號稱證實心血管疾病的成因，是因為攝取膳食脂肪和膽固醇（順道一提，基斯持續推廣的地中海飲食，直到今日仍被倡導為健康飲食）。

　　後續我將更深入探討基斯在膽固醇故事中扮演的複雜和不幸角色，但你可以從湯姆・納頓（Tom Naughton）拍攝的風趣又有教育性的紀錄片《胖頭》

（*Fat Head*），以及《紐約時報》暢銷科學作者蓋瑞・陶布斯（本書的專家之一）所寫的《好卡路里・壞卡路里》發現更多有關基斯的錯誤科學。書和紀錄片都詳細說明基斯如何捏造資料，符合自己的假說。

　　拜「冠心病初級預防試驗」（Coronary Primary Prevention Trial，CPPT）之賜，膳食脂肪的臭名逐漸遠播，這是美國國家衛生研究院（National Institute Health，NIH）支持的計畫，執行時間是從一九七三到一九八四年，並根據此項試驗的結果，建議人們為了心臟健康，應攝取低脂、低膽固醇的飲食（結合降膽固醇藥物）。然而，此研究同樣有瑕疵，背後涉及的詭計只能說毫無道德可言。雖然如此，但這一切已經成功地對大眾洗腦，美國人都乖乖聽從盡量減少脂肪攝取的建議——來自醫師、政府官員、食品製造商和媒體。幾十年來，任何關心健康的人都極力遵從這項未經證實的建議。

　　根據 CPPT 的錯誤資料，美國國家衛生研究院貿然聲明不再需要任何試驗：「我們已經證實值得降低血膽固醇……現在是研究治療的時候。」美國心臟協會也用不同的說詞，呼應這樣的觀點。

　　這兩個單位共同鼓勵製藥公司開始研發可以降血脂的藥物：史塔汀類。這件事就算被稱為藥物史上的最大失策，一點也不為過。而且經過了數十年，我們還在承受當初種下的苦果。

　　未能挑戰基斯和 CPPT 推廣的信念——攝取飽和脂肪會提高膽固醇並阻塞動脈——導致幾個意想不到的後果，其中的關鍵是美國人的飲食已經改變，且多數變得更糟。依據美國農業部（U. S. Department of Agriculture，USDA）的經濟研究局（Economic Research Service）在一九七七、一九七八、二〇〇五和二〇〇八年之間的統計資料顯示，美國人盡責地將每日脂肪攝取量從八十五點六公克減少到七十五點二公克。此外，在同一時期，攝取的總卡路里中，脂肪所占的比例也從 39.7 % 下降到 33.4 %。從那時起，肥胖、糖尿病和心臟病的比例有什麼變化呢？答案你已經知道：心臟病現在是男性和女性的頭號殺手，每年幾乎有一百萬個美國人發生心肌梗塞。肥胖和糖尿病已達到流行病的程度。光是冠狀動脈疾病造成的財政負擔，每年總計將近一千億美元，而且還有成長的趨勢。

　　如果事實就像我們被教育的「攝取膳食脂肪和膽固醇是心臟病的真正凶手」，怎麼會出現這樣的情況呢？答案很明顯：它們並不是真正的凶手。新

興的證據證實，這些所謂的健康專家錯得離譜，然而，他們還是繼續堅信這個過時且徹底有害的資訊。或許你曾注意，專家不喜歡被人挑戰或承認自己有錯，他們通常需要看到壓倒性的證據，才願意扭轉自己的看法。好消息是，關於膽固醇的證據越來越多，雖然進展不快，但確實穩當。所以，觀念改變只是早晚的事。（編註：二〇一五年一月美國官方於「二〇一五至二〇二〇年最新飲食指南」中正式取消膽固醇攝取上限。）

澄清時間

膳食膽固醇不是問題。我們已經在一九七九年一月出刊的《美國臨床營養學期刊》中發表的研究證實這點。我們的研究證明，攝取膳食膽固醇並不會引發心臟病。

——弗萊德·庫默勒

▋你的最佳健康倡導者是你自己

澄清時間

群眾會逐漸分成聰明和愚昧兩邊。聰明的人開始親自打理自己的健康，因為他們已經了解當前我們在做的事並沒有功效。我們的飲食出了問題，因為我們有 70 % 的人過重和肥胖，還有二千九百萬名糖尿病患者和超過七千五百萬名糖尿病前期患者，其餘的人甚至不知道自己是糖尿病前期！人們開始意識到我們的所作所為沒有成效，並開始尋找這方面的其他辦法。DIY 保健和自我監控，正是由此開始逐漸成為常態。

——德懷特·倫德爾

　　我絕對大力擁護人們該為自己的健康負責。每個人都是獨一無二的個體，各自有不同的需要，但每當談到健康時，醫學界卻視我們如旅鼠。我很理解為什麼有這麼多人自願放棄照護健康的個人責任，因為聽到什麼就完全照做，畢竟簡單許多。但是，那個方法顯然無效：科學一直在變，醫學和營養專家無法一直跟上。他們怎麼可能知道所有的答案？食品和藥品公司不在

乎你的健康，他們純粹只想從製造健康的幻覺中得利。不幸的是，他們並沒有讓你更健康。**維護健康的不二法門：如果想要健康，就該由你讓自己健康！自我學習，然後根據所學行動。自己的健康，最終必須由自己作主。**

澄清時間

多數醫師遇到吃低醣、高脂飲食的患者都很驚恐。他們通常告訴患者，這種飲食有很高的風險，可能很快就讓他死於心臟疾病。但是，遵照這種飲食而體重減輕、檢查數值變得正常，並且已經能停用胰島素和糖尿病用藥的患者，應該不會聽從這樣的警告。

——烏弗・拉門斯可夫

我還記得在一九六〇年代，吃豬油和很肥的肉沒有什麼問題。甜食就像是難得的小確幸。只有在派對或特殊場合，才能吃到甜點，甚至是汽水。

——肯恩・施卡里斯

膽固醇和血液檢驗的專業術語會在後續說明。但你現在必須知道的一個名詞是「發炎」（inflammation），我們將在下一章討論它。

心臟病的真正凶手是發炎，不是膽固醇。身體若沒有發炎，膽固醇會自由地在全身移動，絕對不會累積在血管壁裡。當身體接觸到毒素或人體無法自然處理的食物時，就有可能造成發炎。然而，這些食物並不是（我們學到要避免的）奶油、肉類和乳酪裡的飽和脂肪，它們反倒是「有益心臟健康」的食物。這聽起來多麼可怕？把心臟病怪在膽固醇頭上，就好像說火災是消防隊員造成的！

要知道，置身意外現場，並不代表有罪啊！

澄清時間

繼續提倡低密度脂蛋白膽固醇（low density lipoprotein cholesterol，LDL-C）是心臟病的元凶這種概念，只是為了保持簡單並堅守醫師已經知道的事。其中的想法是，沒有必要化簡為繁，或是讓已經不便宜的檢驗變得更貴。

這關係到最高的投資報酬率，而這個領域的權威往往相信，只要堅守
LDL-C 就能得到結果，他們也相信自己在為患者盡最大的努力。如果你
到處誤診一些患者，那麼，這就是你一生必須付出的代價。

——蓋瑞・陶布斯

膽固醇跟你想的不一樣

▶ 身體需要膽固醇才活得下去。

▶ 膽固醇對於身體健康，扮演著許多重要的角色。

▶ 膽固醇「阻塞動脈」是完全錯誤的概念。

▶ 人們盡責地減少脂肪的攝取，然而心臟病發生率還是節節上升。

▶ 你是自己最佳的健康倡導者。

Chapter 2

要怪就怪發炎這傢伙！

「膽固醇很危險」的概念，已經跟我們的文化密不可分了，現在它幾乎自動成為心血管代謝風險的同義詞。除非我們能改變對膽固醇的想法，否則不太可能說服大眾。坦白說，首先最需要做的是，說服醫學相關人員更改特定術語，因為我們似乎甩不掉「膽固醇是壞蛋」的想法。只要我們繼續對膽固醇使用帶有貶抑的術語，就不可能澄清此一概念。

——菲利普・布萊爾

長久以來我們都知道，動脈粥狀硬化是發炎性疾病。內皮細胞若是沒有發炎或受傷，膽固醇絕對不會經過動脈管壁，也一定不可能停在那裡。

——德懷特・倫德爾

　　我在第一章提過，沒有證據可支持「膽固醇會造成心臟病」這個普遍信念。許多人大概還是心存懷疑，你也應該如此。本書的其中一個目的，就是要鼓勵你挑戰專家所說和所寫的一切，這樣你才能主動積極地參與自己的健康照護。

　　然而，像魏斯特曼醫師和我這樣的人，在挑戰普遍信念的路上並不是孤軍奮戰。越來越多對自身權益有意識的患者，以及醫學界和健康社群的成員（像是本書引述的許多專家），都在抵制「膽固醇－心臟假說」的科學前提。

　　順道一提，請注意「假說」這個名詞：意思是關於膽固醇的理論根本未經證實！

澄清 時間

如果你在二十年前問我是否認為血液膽固醇的濃度極為重要，我會回答
「是」。然而，現在我的看法已經改變了。差別是什麼呢？並非當時的
我是壞人，而現在的我變得比較好了；我那時不太懂得科學，現在則比
較熟悉科學。當時的我被誤導，但我沒有故意嘗試誤導任何人。遺憾的
是，我相信還有許多醫學專家仍持有那樣的想法。

——約翰・布里法

　　你和成千上萬的人都還在擔心自己的膽固醇濃度升高，理由相當好懂。
而且你的確應該知道你的膽固醇檢驗結果代表著什麼意義，包括你要注意的
最重要指標有哪些，以及該如何藉由改善這些數字來達到理想的健康狀態。
稍後我會再回來談談，但首先，我們必須更仔細地研究研究發炎——真正造
成心肌梗塞、中風和心血管疾病的罪魁禍首。

沒有發炎，膽固醇傷不了你

澄清 時間

當我們談到發炎時，我喜歡探究是什麼造成發炎。如果個案有高濃度的
C－反應蛋白（譯註：肝臟生成的特殊蛋白，被當作發炎的指標），我
希望能找出發炎的根本原因，以及造成傷害的是什麼。像是抽菸、過度
飲酒、吃反式脂肪和加工醣類（碳水化合物）、接觸化學物質、高血糖、
高血壓，以及壓力等，都可能促成發炎。前面列出的一切，完全沒有把
發炎怪罪在高脂飲食上，但有許多值得信賴的專家卻立刻把它當成指責
的對象。

——凱西・布約克

　　多數人聽到「發炎」這個名詞時，想到的是腳踝扭傷或手臂骨折，以及
變得紅腫的部位，從受傷的源頭向外發出熱和疼痛。這是急性發炎的暫時症
狀，一種對於受傷的快速、直接反應，目的是加速痊癒的過程。相較之下，

慢性發炎比較緩慢，而且更有害許多，它會持續數年，成因包括飲食不良、抽菸、睡眠不足、缺乏運動、壓力升高，以及腸胃健康受損等。而引起心臟病的，正是發炎。

澄清時間

若要判斷自己是否有發炎，一般人應該請醫師檢查自己的C－反應蛋白濃度。

德懷特・倫德爾

　　我們必須明白：發炎是件好事。它是絕佳的自然防禦力，可以抵抗細菌、病毒、黴菌和毒素。唯有在發炎狀況長期升高且持續很久時，它才變得危險和危害生命。德懷特・倫德爾醫師在〈心臟手術明白真正造成心臟病的是什麼〉一文特別強調慢性發炎的重要性，這篇文章於二〇一二年三月發表在 Sign of the Times 網站（www.sott.net）。倫德爾醫師在文中提到，如果沒有發炎，「膽固醇會出於本能地在全身自由移動」。不幸的是，慢性發炎已經成為美國和西方國家多數居民的常態。

艾瑞克・魏斯特曼 醫師的證言

當我在醫學院時，有一位教授曾說：「現在我教你的東西，將有一半會被證實是錯的。問題在於，我們不知道是哪一半。」現在該是將「膽固醇是壞蛋」加在證實有誤的那一半的時候了。

　　我們將在本書後續檢視的其中一個血液指標，是「高敏感度 C －反應蛋白」（high-sensitivity C-reaction protein，hs-CRP），它是用來判定體內慢性發炎量——心臟病和其他健康問題的原因——的主要發炎指標，因此比你的低密度脂蛋白和總膽固醇濃度這些最常檢驗的指數重要許多。任何醫師或醫學化驗所都能檢驗你的 hs-CRP 濃度，不過我猜想，你大概聽都沒有聽過。

　　雖然所有的新興證據都證明發炎是心臟病的關鍵指標，而辨別發炎情況，並且使用營養、運動和生活型態改變來治療，是打擊心臟病的關鍵第一

步，但主要的健康組織仍然一直把錯怪罪在膽固醇頭上。我們將在下一章討論這些組織的誤導建議。

膽固醇跟你想的不一樣

▶ 請對你聽過的膽固醇相關說法保持懷疑。

▶ C－反應蛋白（CRP）濃度升高引起的慢性發炎，是心臟病的主要原因。

▶ 沒有發炎，膽固醇就無法在你的動脈累積。

▶ 高敏感度C－反應蛋白（hs-CRP）是慢性發炎的一個關鍵指標，卻很少受到檢驗。

Chapter 3

主要的健康組織對膽固醇有什麼看法？

艾瑞克·魏斯特曼 醫師的證言

專家天真地假設，降低飲食中的膽固醇和脂肪，就能夠減少膽固醇和脂肪在動脈裡堆積。

這個邏輯就像是看到太陽跨越天際，然後假設太陽繞著地球轉動一樣。在天文學家用望遠鏡和精細設備發現事實正好相反以前，「我們」一直、一直都是這麼相信的！

　　主要的健康組織對於膽固醇相關的誤導假設，以及對這些假設的推廣，都有其理由，我們稍後會再提及。在詳細說明以前，我們先來看看美國最重要的健康組織的立場，以及他們推廣的有關飲食、膽固醇和心臟疾病風險的傳統觀念。

美國衛生及公眾服務部

　　美國衛生及公眾服務部（United States Department of Health and Human Services，HHS）是政府機構，負責調查所有健康相關的科學研究。HHS 的官員透過這個過程，決定與理想健康有關的最佳行動。他們有個計畫，名叫「國家膽固醇教育計畫」（National Cholesterol Education Program），目的是希望教導國人什麼是膽固醇，以及它在健康中扮演的角色。可惜的是，他們教導的內容對於改善健康沒有什麼幫助。

　　HHS 堅稱，血液膽固醇「跟罹患心臟病的機會很有關係」，血液中的膽固醇濃度升高，是「心臟病的主要危險因子之一」。他們還認為，「血液膽固醇的濃度越高，罹患心臟病或心肌梗塞的風險越大」。這些決定性的說詞，根據的是這樣的信念：當膽固醇在動脈管壁堆積時，「硬化」（動脈硬化）的過程就會開始，然後動脈逐漸越變越窄，使得血液無法流到心臟，最後完全堵住，造成心肌梗塞或心臟衰竭。這就是為什麼 HSS 極力主張，美國人應該採取一切必要手段來降低高膽固醇。

澄清時間

我們不斷被這樣的資訊轟炸：鼓勵並維持有關膽固醇跟心臟病連結在一起的文化迷思。這個迷思在過去的五十年間一直都存在，至今仍持續受到增強。

——菲利普・布萊爾

美國疾病管制中心

　　進入美國疾病管制中心（United States Centers for Disease Control，CDC）的網站（www.cdc.gov）並點選「Disease & Conditions」，你就能看到他們對於心臟病的立場：當飲食中的飽和脂肪與膽固醇使血液裡的膽固醇「太多」時，LDL 膽固醇會開始在你的動脈沉澱，致使流向心臟的血量不足。CDC 警告，這種情況可能導致心肌梗塞、中風，甚至死亡。因此，CDC 的

官員也指責你若從食物攝取飽和脂肪與膽固醇，將置自己於危險之中，他們建議少吃脂肪和膽固醇，藉此來降低 LDL，並預防可能發生的心臟病。

澄清時間

關於健康，一直有許多訊息在對我們洗腦。然而，就像所有的卡路里並不相同、所有的脂肪並不相同，所有的膽固醇也都不相同。但人們仍搞不清楚，因為他們很容易受到影響。我是科學家，所以我懂。我的工作是讓人了解科學。有些人懂，但多數人不懂，這讓他們很容易成為行銷人員眼中的肥羊。

——羅伯‧魯斯提

關於心臟病的傳統觀念太過簡化且過時，但美國心臟協會和其他團體的公共衛生專家，至今還拘泥在一九七〇到一九八〇年代開始提供的飲食建議，但科學絕對不應該如此。壞科學的所有情節，全都源自於把假設轉成事實，而且時機未到就為它們背書。如果你就這樣根據這些假設而行動（像在醫學和公共衛生領域發生的情況），也會讓自己裹足不前，且從來不去查明自己在做的事到底正不正確。

——蓋瑞‧陶布斯

▌美國心臟協會

你可能認為，像美國心臟協會（American Heart Association，AHA）這樣的團體，關於心臟健康應該會有最新且最好的資訊。畢竟，你在超市的各種食物產品都看得到協會的小小心臟標誌，微妙但心照不宣地贊同你打算吃的這樣東西很健康。雖然 AHA 官員確實承認膽固醇有益人體健康，但他們同時主張，含有飽和脂肪與反式脂肪的食物，可能讓你的血液膽固醇濃度增加太多，導致心血管疾病。因此，他們建議你應該限制這類食物的攝取量，包括高膽固醇的蛋黃。你知道一顆蛋黃含有多少必需的營養嗎？很多！但是不吃蛋黃還是比冒險提高膽固醇好，對吧？

澄清時間

蛋黃含有的營養極其豐富，它含有身體所需的 100 ％ 類胡蘿蔔素，必需脂肪酸，脂溶性維生素 A、E、D 和 K，還有超過90 ％ 的鈣、鐵、磷、鋅、硫胺素（維生素 B_1）、葉酸（維生素 B_9）、維生素 B_{12}、泛酸（維生素 B_5），以及多數的銅、錳和硒。蛋黃也是絕佳的葉黃素和玉米黃素來源，已有證據顯示，這兩種營養素能有效防止黃斑部病變——老年人失明的主要原因。

因為多數人不吃肝臟，所以蛋黃是膽鹼的唯一主要來源，這種營養素能幫助預防脂肪肝——三分之一美國人面臨的問題。此外，動物研究指出，如果及早攝取三倍以上的膽鹼建議量，終其一生都能防止衰老和失智症，此外，還能大大提升記憶和心智表現。人們主要害怕的是蛋黃的膽固醇，但是它們跟真正重要的營養素集合在一起，其中有些可能很難在別的地方吃到。

——克里斯・馬斯特強

艾瑞克・魏斯特曼 醫師的證言

在我心目中，蛋或許就是最完美的食物。請仔細想想：一顆蛋是一隻完整的小雞，所以一顆蛋就是一整包最完善的營養。

美國醫學會

美國醫學會（American Medical Association，AMA）這個重要的醫師團體，向患者推薦他們的「健康生活步驟」（Healthier Life Steps）計畫和「健康飲食」指南，這與美國農業部及其「我的餐盤」（MyPlate）營養建議推廣的相同。

其中包括一些對整體健康有益的聰明建議：不要抽菸、吃大量蔬菜、運動，以及限制飲酒。但關於心臟健康，AMA 也落入通俗且誤導的萬靈丹：低脂、高醣飲食。

澄清時間

這個爛攤子的起頭是告訴人們要減少脂肪、減少飽和脂肪的攝取，然後接著做膽固醇檢查。但是，減少脂肪的攝取，其實根本無法降低罹患心臟病的風險。

事實上，低脂飲食會造成驚人的代謝失常，像是高血糖、空腹血糖升高、胰島素阻抗、腹部脂肪增加、高血壓、代謝症候群，並且引發遺傳型糖尿病。

——威廉・戴維斯

▎梅約診所

　　梅約診所（Mayo Clinic）在網站上清楚說明，健康的動脈仰賴保持動脈柔軟有彈性。這是個相當精確的說法。他們繼續解釋，動脈裡的壓力可能使血管壁變厚和變硬，導致流向重要器官（如心臟）的血液受限。同樣的，這句話也完全沒有問題。

　　然而，當梅約診所的醫師說「動脈硬化」或動脈粥狀硬化是「堆積在動脈管壁的脂肪和膽固醇」所引起時，便是在傳播有關膳食脂肪和膽固醇的傳統謬誤觀念。

澄清時間

我們正在對抗的概念是，問題出在阻塞動脈的膳食脂肪。就連了解發炎才是問題的脂質科學家，都在討論脂蛋白粒子數，好像脂肪天生帶有什麼會讓動脈阻塞的東西。然而，這樣的想法並不正確。真實的情況是，我們失去了脂蛋白運送脂肪到細胞和組織的功能。因此，脂肪不會像塞住水槽底下的水管那樣，阻塞我們的動脈。

這種想法相當可笑，因為我們現在知道脂肪不是一團一團地在動脈旅行，脂肪完全被包在脂溶性的脂蛋白裡，而脂肪阻塞動脈的程度，就跟紅血球阻塞動脈的程度不相上下。

——凱特・莎娜漢

▌克里夫蘭醫學中心

　　克里夫蘭醫學中心（Cleveland Clinic）這個名聞遐邇的研究機構主張，LDL 是「心臟病的主要原因」。克里夫蘭醫學中心的研究者認為，LDL 導致「脂肪在動脈裡堆積，減少或阻擋血液和氧氣流向心臟」。根據他們的網站內容，當出現這種情況時，你會感到胸痛且可能發生心肌梗塞。他們對於防止心臟病的主要建議是：採取一切的必要手段來降低 LDL，包括積極使用藥物治療，如史塔汀類藥物。

　　克里夫蘭醫學中心補充說，LDL 濃度低「對每個人都很重要，無論男女、不分年齡，也不管是否診斷出心臟病」，他們定義的低是小於 100 mg/dL（毫克／分升）。若要有「更好的結果」，他們建議降低到 60 mg/dL。有趣的是，他們也鼓勵降低 C －反應蛋白的濃度，這是我們在前一章討論過的發炎指標。只是，他們沒有指出 C －反應蛋白的濃度重要許多。

澄清時間

看來好像無論怎麼改變 LDL 粒子，它都會導致動脈粥狀硬化。這點似乎仍然支持整個膽固醇假說，因為所有形式的 LDL 都是富含膽固醇的粒子。因此，當一九九〇年代初期開始使用史塔汀類藥物時，它很符合一般人的想法：只要停止製造 LDL 粒子（無論改變它們的是什麼），生病的風險就會降低。

——肯恩・施卡里斯

　　誠如你所見，這些備受尊崇的組織機構——每個都被視為健康的重要權威——在談到心臟病的成因時，形成了統一戰線。他們宣傳的訊息像是這樣：含有飽和脂肪與膽固醇的飲食會導致 LDL 增加，因此讓發生心肌梗塞或中風的風險更高。若要避免這種情況，可以藉由減少攝取飽和脂肪與膽固醇，以降低膽固醇濃度，如果這麼做還不夠，那就請醫師開處方藥來降低。

　　這麼多醫師、營養師和無所不知的大師都相信一模一樣的事，真是太方便了。但糟糕的是，這件事完全是根據誤導的推理所斷定的。下一章，我們將提到更多有關醫學界逐漸興盛的對抗反膽固醇假說運動。

澄清時間

膽固醇向來被不公平地污名化，一直被說成跟心臟病的風險升高有關。多年來，我們已經得知，兩者之間最多只有鬆散的關係，甚至可說是根本無關。然而，人們傾向相信自己多年來讀到或從醫師那兒聽到的訊息，不太理會新的證據。

一開始是少數的錯誤假說，然後是一些偏頗的資料，接著是渴望在心臟病這種可怕的流行病中找到犯人的公共政策機器，由此開始一步一步走向我們無法擺脫的「膽固醇－心臟假說」。到了某個時刻，似乎不再有人敢大聲為膽固醇說句好話了。

——馬克·希森

艾瑞克·魏斯特曼 醫師的證言

我樂觀地相信，總有一天我們能教導飲食中的脂肪是好東西，因為我們身體的維生功能需要脂肪，我們若要感到飽足，也少不了脂肪。我們在《新阿金飲食法：獻給全新的你》中提出這點，詳細內容寫在「脂肪是你的朋友」這一章。

膽固醇跟你想的不一樣

▶ 健康權威已經形成統一戰線，全體支持「膽固醇－心臟假說」。

▶ 他們無所不用其極的讓你相信，吃飽和脂肪對身體有害，因為它使得膽固醇濃度上升。

Chapter 4

醫師專家正在質疑反膽固醇資訊

過去十年間，我們已經發現，膽固醇因果關係只不過是「大製藥廠」（Big Pharma）安排的大型騙局。膽固醇其實跟動脈粥狀硬化無關，這點有助於說明為什麼第一次發生心肌梗塞的人，一半以上的膽固醇濃度都正常或是低於正常。

——杜安・格拉韋林

　　確實，醫學界和營養學界有許多人抗拒改變。

　　然而，也有越來越多開明的醫師和營養師，在質疑反膽固醇資訊的可靠性和正確性。他們從患者和個案，甚至有些是從自己的身上，觀察到降低膽固醇策略的失敗。投入在這個想法——膽固醇和心臟病有關——的所有時間和精力，是否有可能全都浪費了？有些人已經開始這麼思考。

膽固醇迷思會一直持續，是因為有金錢涉入其中。史塔汀類藥物對製藥企業來說是一棵很大、很大的搖錢樹，因此他們一點都不想打破這個美夢。我認為，這些企業中一定有很多人知道史塔汀不是好東西，但他們還是一直保密。

我無法相信他們並不知道，因為連我都覺得一目了然。膽固醇的故事，是個簡單易懂的故事，它錯得離譜，但人們卻很容易了解和相信高膽固醇會阻塞動脈，並且造成心臟的問題。這就是史塔汀類藥物的行銷手法：

它可做為改善膽固醇數值的方法。就是這麼簡單的一個故事。然而,卻
有如此多的理由都說不通。

——德懷特・倫德爾

　　我在簡介中引用了二〇〇九年一月發表在《美國心臟學期刊》的一項研
究。研究者檢視在二〇〇〇到二〇〇六年間,因為心血管事件而入院的十三
萬六千九百零五位患者的膽固醇濃度。結果發現,將近75%的患者有「健康」
範圍內的 LDL,而接近一半的人有低於 100 mg/dL 的「理想」濃度。

　　這是不是很有趣呢?所有的重要健康組織都在告訴我們,心臟健康仰賴
盡可能地降低 LDL 濃度,但這個研究中的心肌梗塞患者已經擁有所謂的健康
濃度。既然如此,我們為什麼還要繼續毀謗 LDL 呢?

　　一個重大的理由是金錢,你一定聽過或看過廣播和電視廣告(譯註:美
國的媒體可以合法刊登和播出處方藥廣告,讓患者在看病時可以詢問醫師)
宣傳名為史塔汀的降膽固醇神奇藥物。廣告沒有提到的是,藥商砸下鉅資,
迂迴地向大眾行銷這些藥物,而且不單只是透過廣告。醫師和醫院有財務及
其他方面的誘因,向我們推銷史塔汀類藥物,而最受歡迎的藥——立普妥、
冠脂妥和素果(Zocor)——可以讓開藥給你的所有相關人員賺進大把鈔票。

澄清時間

降膽固醇的史塔汀類藥物能大發利市,完全仰賴「治療心臟病的主要方
法是降低膽固醇」的概念。遺憾的是,我的心臟科醫師同事有98%都
趕上這波潮流。其中涉及龐大利益,還有許多免費的精緻晚餐和佛羅里
達州奧蘭多市(Orlando)的愉快假期。推銷史塔汀類藥物的人,都能得
到許多免費招待。

我們在談論的是每年二百九十億美元的產業,因此可以非常成功地推動
治療膽固醇的活動。但同時也把我們拖進了一條死胡同,讓我們愚蠢且
錯誤地相信心臟病如何產生。

——威廉・戴維斯

服用史塔汀類藥物很簡單,有點像是把問題暫時推開。此外,它確實降

低了某些東西，人們喜歡看到自己能測量的東西有下降。因此，當它真的下降時，你能因為自己表現良好而受到表揚。有些時候我認為，如果人類已經決定要這麼愚蠢，那麼我就放棄了。

——馬爾科姆・肯德里克

正在服用史塔汀類藥物的人請檢視這個現實：這些藥物將會人為地降低你的膽固醇濃度，但是它們不會預防心肌梗塞、中風或心血管疾病。

史塔汀類藥物也可能造成一長串的危險副作用（下一章有更多這方面的內容）。然而，如果你有高的膽固醇濃度，醫師最可能做的還是建議你吃藥。事實上，有些醫師建議每個人都要服用史塔汀類藥物，甚至曾大力推動將這種藥加在我們的供水系統！

如果你的醫師提到改變飲食和生活型態，他們幾乎一定會建議配合吃藥。你不覺得很奇怪嗎？為什麼沒有更多醫師想一想開藥以外的作法，並且質疑顯然無效的方法呢？

澄清時間

我確實感覺到關於膽固醇的想法正在改變，因為相當著名的醫師，甚至是心臟權威和其他健康專家，都公開表示反對傳統的理論。現在相關人士似乎提出更多這方面的問題，但我不認為膽固醇理論會突然消失，因為其中還有很大的商機，所以我認為一定永遠都有人會強烈支持。不過，至少已經有人提出質疑，而且現在從網路上可以找到大量反駁膽固醇假說的見解和科學資源。整個領域已經相當開放，允許更多人懷疑既有的健康資訊。總而言之，我樂觀地期待，我們將緩慢但確實穩當地接近真相，總有一天人們會因此受益。

——約翰・布里法

▌醫師值得我們的尊敬，但他們對膽固醇有所誤解

請不要誤會，我的確相信多數的醫學和健康專家不會故意傷害他們的患

者。我對醫師、護理人員和營養師都相當尊敬，問題是，他們學到的東西有些已經過時，沒有跟上最新的科學和理解。必須長時間工作，甚至是單純的怠惰，都可能導致許多健康專家一旦開始執業，就把繼續進修健康教育的心思擱置一旁。因此，他們依靠的是幾十年前的科學，關於膽固醇的認知和它影響心臟病的概念，完全沒有改變過，這對於他們的個案和患者十分不利。

澄清時間

我的印象是，多數開業醫師就是搞不清楚，他們已經被製藥公司的業務代表迷惑了，因為製藥公司用他們的文獻當作科學教育，這讓醫師相當難以對患者的真實情況做出合理的評估。

——菲利普・布萊爾

瑞典的醫師暨研究者烏弗・拉門斯可夫博士對於膽固醇假說背後缺乏堅實的科學支持，感到相當沮喪，因此他在二〇〇一年建立「膽固醇懷疑論國際網絡」（The International Network of Cholesterol Skeptics，THINCS）。

這個團體的成員包括世界各地受人尊重且志趣相投的科學家、醫師、學者以及科學作家，他們所有人挑戰的觀點是，高膽固醇在心血管疾病中扮演的任何角色。

拉門斯可夫博士在為本書進行的訪談中告訴我：「我很快就意識到，我們應該告知同事和大眾有關我們多年來收到的惡意誤報，因此我在二〇〇一年決定創建 THINCS 和相關網站。」

截至二〇一三年，已有一百位教授、資歷豐富的研究者，以及新聞記者加入這個團體，此外還有一些匿名的成員。

一般來說，匿名成員選擇隱藏自己支持 THINCS 的身分，原因是出於害怕失去研究經費。由此可看出違背當局的觀點是多麼艱困，無論他們的訊息有多麼過時。

澄清時間

除非目前的教授全都退休或離世，膽固醇假說才有可能不再是個典範。

——烏弗・拉門斯可夫

膽固醇濃度和心臟病發生率沒有關係

　　THINCS 的其中一位重要參與者是蘇格蘭醫師馬爾科姆・肯德里克，他創作了 YouTube 的著名影片《膽固醇和心臟病》（https://www.youtube.com/watch?v=i8SSCNaaDcE）。

　　他在短短的七十八秒內，光用一張圖表就反駁了世界衛生組織從多國的「心血管疾病趨勢監測和決定因素」（Monitoring of Trends and Determinants in Cardiovascular Disease，MONICA）計畫提出的「膽固醇－心臟假說」資料。除此之外，影片還揭示出澳洲原住民的心臟病發生率最高和膽固醇濃度最低，而瑞士——世界上膽固醇濃度最高的國家——的心臟病患，只有英國的三分之一。

澄清時間

飽和脂肪的攝取、膽固醇濃度以及心臟病這三者之間，絕對沒有相關。在不同國家探究這個議題的最精確研究是「心血管疾病趨勢監測和決定因素」（MONICA），這項計畫始於一九八〇年代中期，由世界衛生組織執行。

如果你看過圖表，就能完全清楚地知道，飽和脂肪攝取量最高的國家，人民傾向有稍微高一點的膽固醇濃度，但心臟病發生率全都較低。我們說的可是 700 % 的差異呢！

在歐洲，吃最多飽和脂肪的國家是法國，法國人的平均總膽固醇是 215 mg/dL，不過心臟病發生率是烏克蘭的七分之一；而烏克蘭人的飽和脂肪攝取量不到法國人的一半，平均膽固醇濃度也稍微低一點。

因此，從這份資料可以看到，飽和脂肪攝取量最高的幾個國家，心臟病發生率全都比攝取量最低的幾個國家低。膽固醇濃度的差異範圍大約是 195 到 225mg/dL，其中最高的膽固醇平均數是瑞士的 250 mg/dL，但瑞士的心臟病發生率是歐洲國家第二低，只有美國的四分之一。

——馬爾科姆・肯德里克

　　拉門斯可夫博士在《膽固醇的迷思》一書中提到，史塔汀類藥物問世以

前，進行了四十幾次的研究試驗，測試降低膽固醇濃度是否能預防心肌梗塞。結果並不一致，有些顯示致命的心肌梗塞情況下降，但另有一些發現致命的心肌梗塞情況升高。若將所有的研究結合，資料呈現的是，實驗組（接受降低膽固醇的治療）的死亡人數與對照組（沒有接受治療）的人數相同。然而，一旦發現銷售史塔汀之類的降膽固醇藥物有利可圖時，這樣的研究很快就被終止。

誠如我的英國友人賈斯汀・史密斯（Justin Smith，必看的紀錄片《史塔汀金錢王國》〔*STATIN NATION*〕的幕後推手）所說，製藥公司和醫藥界突然有個「二百九十億美元」的理由保持緘默，但那樣的沉默至今仍喧囂不已。

澄清時間

人們用來降低膽固醇濃度的史塔汀類藥物，實際上會造成肝細胞死亡，當死亡的肝細胞數量夠多時，血液中的膽固醇就會減少，膽固醇的濃度便自然下降。
不過，這真是一場可笑的鬧劇！

——弗萊德・庫默勒

隨著反駁膽固醇引發心臟病的證據日益增加，越來越多獨立思考的醫師和健康專家也開始反對這些還被稱為「假說」或「理論」的說詞。遺憾且不幸的是，人們已經武斷地相信「膽固醇－心臟」理論，即使沒有無懈可擊的資料支持，還是將它視為已經證明的事實。人們理應得到誠實的答案，而且現在就應該知道。

下一章，我們將深入探討這些降膽固醇的史塔汀類藥物如何聰明行銷，以及它們顯而易見的嚴重副作用。

澄清時間

就心臟健康而言，膽固醇檢驗有 99％ 與其無關，因為膽固醇不是造成心臟病的凶手。因此，誰在乎你的膽固醇濃度有多高？然而，它經常跟心臟病連結在一起，卻不是主要的致病因子。

——德懷特・倫德爾

艾瑞克・魏斯特曼 醫師的證言

因為我們多年來一直聽著膽固醇假說，好像它是心血管疾病的正確解釋，所以多數的健康專家也跟著相信這是真的。有個說法是，多數醫師根據他們在醫學院所學的方法執業。所以，我們需要透過會議和進修醫學教育計畫，教育正在執業的健康專家。

膽固醇跟你想的不一樣

▶ 認同「膽固醇－心臟假說」的醫師，是用幾十年前的科學來治療患者。

▶ 多數的心肌梗塞患者有「正常」的膽固醇濃度。

▶ 膽固醇濃度高和心臟病增加，兩者之間沒有相關。

▶ 史塔汀類藥物已經成為高膽固醇的首選治療方式。

▶ 史塔汀類藥物問世以前，關於降低膽固醇和預防心肌梗塞之間的關係，研究結果並不一致。

▶ 許多醫師逐漸開始懷疑膽固醇假說。

▶ 身為患者的我們，必須質疑大力推動膽固醇假說的健康權威。

Chapter 5

史塔汀類藥物：神奇藥丸或行銷毒藥？

澄清時間

在史塔汀類藥物出現以前，真的沒有什麼東西能大幅降低膽固醇，最多或許 10 % 至 15 %。但有了史塔汀後，就可能降低膽固醇大約 30 % 至 40 % 左右。因此，如果你能主張膽固醇濃度升高會造成冠心病，那你就有天大的理由可以解釋，為什麼現在有好幾十億的商機。

——唐納德・米勒

　　過去幾十年的科技發展既讓人興奮，也使人畏懼。在這段期間，我們看到了 YouTube、臉書（Facebook）、推特（Twitter）、iPod、iPhone、iPad、藍芽、USB 接頭、X-Box、Wii 和賽格威（Segway）的誕生。當然，這些酷炫的新玩意兒和科技進展全都有自己的缺點，但它們的益處還是多過害處。如果醫學和製藥的發展也像這樣，那不是太棒了嗎？

　　一九九〇年代中期，輝瑞製藥公司（Pfizer Pharmaceuticals）推出降膽固醇的史塔汀類藥物：立普妥（成分為阿托伐他汀〔atorvastatin〕）。這種藥正中市場需要，很快便成為史上獲利最高且銷售最好的藥物。

澄清時間

儘管在拯救生命方面的報告還不甚完備，很多人仍然相信史塔汀類藥物是所有問題的答案，真的很不明智。有許多的證據都支持，其實你不需要使用史塔汀類藥物。

——佛來德・帕斯卡托爾

　　看到這麼多人聲稱有益心臟健康的神奇藥丸產生了數十億的年收益，其他的製藥公司也快速趕搭史塔汀這班列車，包括推出冠脂妥（成分為瑞舒伐他汀〔rosuvastatin〕）的阿斯特捷利康公司（AstraZeneca），以及帶給我們素果（成分為辛伐他汀〔simvastatin〕）的默克公司（Merck）。

　　各大製藥公司全都希望能分食這塊大餅。至今，幾乎每個人都有朋友或家人（甚至是自己）在服用某種號稱有益心臟健康的藥物。我也曾經是其中之一。

澄清時間

如果我們召集一群特別可能罹患某種疾病的人，讓他們服用史塔汀類藥物，或許會有一些好處。雖然不大，但總是會有好處。然而，提供這些好處的並不是降低膽固醇的效果，他們一直都放錯重點了，而且還以此看待心臟病。

——威廉・戴維斯

▍聽聽所有曾服用史塔汀類藥物的人怎麼說

　　我在二〇〇四年成功減重一百八十磅（約八十二公斤）之前，醫師因為我的高膽固醇而開立普妥給我。

　　那時的我是病態肥胖，總膽固醇濃度是 230，醫師說我的膽固醇嚴重過高，只因為它們超過 200。我可以向你保證，跟我的數字不相上下的其他數百萬人，也都聽過完全相同的說法，而且多數醫師會主動開史塔汀類藥物，做為降膽固醇的第一道防線。

　　但蝙蝠俠，猜猜看（譯註：原文的 riddle me this 是《蝙蝠俠》中熱愛各式各樣謎題的謎語人〔Riddler〕的口頭禪）：總膽固醇為 201 的人，是否比總膽固醇為 199 的人更容易發生心肌梗塞？這個問題，很少有醫師或醫療人員願意費心跟患者討論。反正大多數的人也不會問，他們只是順從地遵照醫師所說的去做。沒錯：我們順從地服用自己一無所知的藥物，然而這個藥物很有可能弊大於利。

澄清時間

人類的天性是懶惰的。這是單純的演化事實，當看似比較簡單的方法出現時，我們更願意選擇這條捷徑。當然，我們知道在絕大多數的情況下，一些飲食和運動的改變，對於降低心臟健康風險的效果，比使用史塔汀類藥物更好。史塔汀除了令人滿意的副作用外，別無其他。

——馬克・希森

　　我們來聽聽六位曾在醫師建議下服用史塔汀類藥物的人怎麼說。看看你能否跟任何人產生共鳴：

尼克（Nick P.）

　　尼克是來自佛羅里達州奧蘭多市的四十九歲男性，總膽固醇為 268。他的 LDL 是 164、HDL 是 72，而三酸甘油脂（血脂）是 53。尼克的醫師早在他的數值還沒到達這個程度以前，就開始大力推薦他使用史塔汀類藥物。他有醫師所謂的「高膽固醇血症」，但如此誇大其詞的說法，只不過是代表患者的膽固醇濃度高於「專家權威」建立的理想值。

　　請記住，高膽固醇本身不是疾病，然而，尼克的醫師堅決主張服用史塔汀類藥物能幫助人「活得更久、更健康」。

雪莉兒（Cheryl F.）

　　雪莉兒是來自加州卡爾斯巴市（Carlsbad）的五十九歲女性，總膽固醇為 255。她的 LDL 是 181、HDL 是 58，而三酸甘油脂是 80。當醫師告訴她膽固醇檢驗的結果時，雪莉兒說他們沒有討論她的數值這麼糟的可能原因，以及改變飲食和生活型態是否有助於改善數值。她的醫師沒有多做說明，只是寫下一張史塔汀藥的處方箋。

　　有趣的是，當她拒絕服藥時，雪莉兒接到一通健康保險公司的預錄電話，建議她盡快遵照醫師的勸告，另外補充說明這對她的健康非常重要。緊接而來的是信件，內容提到，光是高的 LDL 就能造成心臟病，另外附上全彩的「教

育」通訊做為佐證，上面印有動脈被斑塊塞滿的圖片。同樣的，這些後續追蹤不是來自醫師，而是保險公司在行銷恐懼和錯誤的訊息，努力想從患者的無知賺取更多錢。

鮑伯（Bob H.）

鮑伯是來自阿肯色州哈里森市（Harrison）的六十九歲男性，他在醫師的建議下，從二〇〇四年開始服用十毫克的立普妥。劑量逐年增加，到了二〇〇七年已到達四十毫克。他在明顯感到關節和肌肉疼痛增加後，於二〇一二年停止服藥。

當他告訴醫師時，對方的直接反應是失望。鮑伯在二〇一三年初再次檢驗膽固醇，當時的總膽固醇是 215。醫師診間的護理師建議他重新服用低劑量的史塔汀藥。當鮑伯拒絕並詢問醫師為什麼一直推銷這種會讓他身體疼痛的藥時，醫師說，如果他不遵守協議去開史塔汀類藥物給膽固醇濃度高的人，他會受到醫學委員會的處罰。這真有趣，不是嗎？

艾琳（Erin S.）

艾琳是來自亞利桑那州弗拉格斯塔夫市（Flagstaff）的五十五歲女性，總膽固醇為 251。她的 LDL 是 160、HDL 是 78，而三酸甘油脂是 65。艾琳收到檢驗報告後，專科護理師請她去醫院「討論」她的數值。當護士表達擔憂時，艾琳要求做粒子大小檢驗（我們將在第十三章討論），這項檢驗會提供膽固醇的直接測量。

這次，她的總膽固醇回到 217，LDL 是 145、HDL 是 71，而三酸甘油脂是 42。她的 LDL 粒子（LDL-P）是大而蓬鬆的 A 型（好的那種），而不是較小、較密的 B 型粒子（壞的那種）（再次提醒，你不用擔心這些專業術語，我們很快就會解釋 LDL 粒子）。然而，護理師勸告艾琳，若想預防心肌梗塞，必須立刻開始服用史塔汀類藥物。因為艾琳自己讀過這方面的訊息，所以她拒絕了。但醫師和護理師種下的懷疑種子相當強而有力，而多數人無法像艾琳一樣有自信。

大衛（David P.）

大衛是來自喬治亞州肯納索市（Kennesaw）的二十二歲男性，總膽固醇為 204。他的 LDL 是 138、HDL 是 56，而三酸甘油脂是 52。這個年輕人被醫師診間的過重護理師斥責他的膽固醇檢驗結果「太高」，並且說，如果他不改成低脂飲食、攝取「很多的蔬菜、水果、健康全穀類和瘦肉」，醫師就會開給他史塔汀類藥物。脂肪和膽固醇又再次成為需要擊潰的壞蛋，而史塔汀類藥物則是終極的治療方式。

多蒂（Dottie W.）

多蒂是來自肯塔基州萊辛頓市（Lexington）的五十五歲女性，總膽固醇為 240。她的 LDL 是 155、HDL 是 65，而三酸甘油脂是 98。醫師開給她立普妥，但她從來沒有吃藥，因為她的其他數字都在合理的範圍內。她的醫師一直堅決要求她服用史塔汀類藥物，當她問醫師是否能做更進階的膽固醇篩檢時，醫師解釋有心臟病家族史的人才需要做這類檢驗，而且她的健康保險不會給付。她不知該如何是好，所以沒有做這項檢驗。一星期後，多蒂接到醫師診間打來的電話，再次推薦她使用立普妥，這次是因為她有「高膽固醇的家族史」。不用說，這樣的壓力讓多蒂感到極為憤怒且沮喪。

澄清時間

使用史塔汀類藥物治療膽固醇，就像把火冒出的煙搧開，同時還以為已經把火撲滅了。

——德懷特・倫德爾

史塔汀類藥物為何成為對抗高膽固醇的第一道防線

在今日的美國隨處可見史塔汀類藥物，這點讓人相當不安。當然，有些

人可能因為這些藥獲益——那些已經先用盡更聰明且更自然選項的人（如改變飲食和生活型態）。但是，史塔汀類藥物已經成為醫師的第一道防線，並把它當成最佳手段，而不是最後手段。儘管美國率先使用這些藥物，同時把它們被吹捧成偉大的萬靈丹，不過這對於阻止美國境內越來越多的心臟病患者數量卻束手無策：心臟病現在依然是美國人（無論男女）的頭號殺手，而且預計在二〇二〇年成為全球的流行病。

　　與其用人為的方法讓紙上的膽固醇數值看起來比較漂亮，醫師和醫學研究者倒不如開始多加注意膽固醇數值最初上升的潛在原因，以及對於患者的健康有什麼含意。

澄清時間

史塔汀類藥物不自然地降低膽固醇，卻沒有處理一開始造成膽固醇上升的潛在原因。膽固醇升高可能是發炎的症狀，而造成發炎的原因才是心臟病的根本問題所在。這是我教給個案的最重要訊息。膽固醇增加是為了對付血管裡正在發生的任何損傷，所以高膽固醇不該令人擔憂，但應該迫使你仔細檢查自己到底發生了什麼問題。

——凱西·布約克

　　康乃爾大學於二〇一三年三月發表在《一般內科醫學期刊》的研究，發現史塔汀類藥物的電視廣告，可能是過度開立史塔汀藥物和高膽固醇診斷大幅增加的背後驅動力。請仔細想一想，如果你看到廣告說，服用降膽固醇藥物會降低心肌梗塞和中風的風險，然後你的檢驗結果顯示有高膽固醇濃度，你的自然反應難道不是同意服用這類的藥物嗎？

　　別再自己騙自己了！他們就是希望你問問醫師這些藥物，因為製藥公司早已派出長相好看、衣著講究的業務去說服醫師。這種下意識的洗腦，目的是直接對消費者行銷史塔汀類藥物。

　　諷刺的是，我們不允許香菸公司在電視上廣告，因為研究已經證實香菸會造成疾病和死亡（我當然不質疑這點），但我們卻允許製藥公司推銷已知會造成嚴重，甚至危害生命的副作用的藥物。如果你覺得這聽來瘋狂，你並不是唯一這樣想的人。

澄清時間

多數人並不了解，史塔汀類藥物不只是會阻擋膽固醇的生產，最後還會造成 LDL 受器將 LDL 混入細胞。如果你的 LDL 受器沒有適當運作，史塔汀類藥物就不能發揮作用。

——大衛・戴蒙

嚴重短報的史塔汀類藥物副作用

當我在二〇〇〇年代初期服用立普妥時，我感到極度地疲倦、記憶模糊、關節和肌肉疼痛，而且精神不濟。二〇〇四年初的一個下午，我在教會參加臨時舉辦的籃球比賽，我上前搶籃板球時，感到拇指一陣疼痛——有史以來最嚴重的痛。我的手腫到只得開車去急診室。醫師說我有深層組織瘀傷，但我只不過是在籃球比賽中搶籃板球，以前也做過很多次。沒想到我的手指關節已經退化到這種程度，就連抓緊籃球都會受傷。根據我現在所知，我確信，如果當時沒有服用史塔汀類藥物，我不會發生這種情況。

當我跟我的初級診療醫師（譯註：美國的健康保險需指定一位醫師，通常是家醫科或內科的醫師，如有特殊需要再轉診）——那個開立普妥給我的人——抱怨時，他說會幫我換成「更好」的藥：冠脂妥。我持續地經歷許多相同的問題，因為……嗯……冠脂妥就是另一種史塔汀類藥物啊！我應該指出我已經瘦了一百磅（約四十五公斤），到二〇〇四年又繼續瘦了更多。

因此幾個月後，我決定丟掉史塔汀。

丟得好！我已經擺脫這些藥物將近十年，我敢發誓，現在我還能感覺到它們對我關節的影響。

澄清時間

關於史塔汀類藥物的一些負面研究結果，並沒有公諸於世。因此，現在你只會看到偏頗的醫學文獻，吹捧服用史塔汀類藥物的所有正面結果。醫師將此解讀為開這種藥沒有問題，但這是錯誤的答案，根據我們已看到的副作用以及被藥物干擾的基本代謝途徑，服藥者大概都經歷過副作

用，只是他們可能沒有察覺。我們知道史塔汀類藥物會擾亂代謝，還有一些不好的事正在發生。不過，這些事可能要經過好幾年才會顯現。

——菲利普・布萊爾

二〇一〇年十月，我的其中一個部落格讀者讓我警覺到一個危險的趨勢：製藥公司正在將行銷史塔汀類藥物的焦點，從醫師——任務已經完成，多數醫師都相信這些藥的好處——轉換到健康保險公司。現在，他們也把膽固醇假說「教育」的目標指向消費者。

在伊利諾州藍十字藍盾協會（Blue Cross Blue Shield；譯註：這是美國的大型醫療保險公司）的員工群組通訊月刊《藍視野》二〇一二年九月版中，滔滔不絕地描述史塔汀類藥物的好處和安全性。通訊中提到，「體內的膽固醇減少」能降低「你的心臟病、心肌梗塞和中風的風險」。文章中還提到，你需要史塔汀類藥物來降低 LDL；LDL 被錯誤地描述成「在血液中循環的膽固醇脂肪含量，通常會沉澱在動脈管壁」。

這份通訊的消息完全是一種誤導。然而，它卻出自一家受人尊敬的健康保險公司，所以不知道真相的人可能會遵從它的建議也不奇怪吧！最讓我震驚的說法是「史塔汀類藥物很安全」，好像吃下這種藥完全沒有風險。是的，伊利諾州藍十字藍盾協會確實承認它有一些副作用，但「服用史塔汀的好處遠勝過可能的問題」。

藍十字藍盾協會不可能知道的一個重大原因是：從來沒有人完整地研究它的副作用。雖然我聽過服用史塔汀類藥物的人只有 5 % 會出現嚴重的問題，但網路上的論壇卻出現數量驚人的抱怨，像在「服用立普妥但很討厭它」（Taking Lipitor and Hate It）中，有些內容真的像是恐怖故事。

此外，發表在《內科醫學年鑑》有關史塔汀類藥物使用的一項研究發現，十萬名受試者中有 17 % 報告出現副作用，而這 17 % 的人中有三分之二因此選擇停用史塔汀類藥物。

澄清時間

史塔汀類藥物在體內有許多不同的作用機制，可能降低跟膽固醇無關的心臟病風險。例如，史塔汀類藥物可以抗發炎，而發炎似乎是罹患心

血管疾病的關鍵潛在過程。醫師將病人的膽固醇降低到特定程度是當前的流行風潮，但這個作法的有效性從來沒有被真正檢驗過。事實上，在沒有心臟病或中風病史的人當中，或許治療一百個人只能防止一次心肌梗塞。對於逃過心肌梗塞的那個人當然很棒，但沒有從中獲益的其他九十九人該如何是好呢？切記，史塔汀類藥物的副作用十分常見，有人估計風險大約在 20 ％左右。突然間，史塔汀類藥物不再看來像是經常被吹捧的神奇藥物。

約翰·布里法

此時，有上億的人正藉由服用史塔汀類藥物危害自己的健康，這真是太可怕了。

——斯蒂芬妮·塞內夫

史塔汀類藥物可能跟你的粒線體結合，製造出擁有不死之身的缺陷粒線體，因此幾乎像是你為自己引進惡性腫瘤。這就是為什麼服用降膽固醇藥物的人，健康往往受到破壞性的影響，即便停藥很久後也是一樣。

——菲利普·布萊爾

　　我認為自己相當幸運：我的史塔汀副作用僅限於一些疼痛。但對於 NASA 太空人暨醫師的杜安·格拉韋林而言，這是導致他的健康逐漸衰退的一場惡夢。

　　格拉韋林醫師從一九九九年三月起，因為高膽固醇開始服用史塔汀類藥物。他年度體檢的總膽固醇是 270，而且他相信（就像絕大部分的醫師同事一樣）膽固醇是心臟病的原因。

　　事實上，當他擔任家庭醫師時，也用「一個接著一個的膽固醇剋星」治療患者，因為他「相信膽固醇是動脈粥狀硬化的原因」。當他因為自己升高的數字而開始服用十毫克的立普妥時，完全不知道任何的副作用。當時格拉韋林醫師非常贊同他的 NASA 醫師對於這種藥的說法，他也興奮地期待看到自己的膽固醇數值能下降一半之多。

　　兩個月後，格拉韋林醫師經歷了第一波罕見的醫療情況：暫時性全面失

憶症（transient global amnesia，TGA）。這種情況會損害新的記憶形成，造成一些逆行性記憶喪失。沒錯，他開始服用立普妥才經過六個星期，總膽固醇數值就已經降到 115，但此時的他正坐在急診室裡，身邊圍著一群從來沒聽過 TGA 的醫師。花了六個小時，經過神經科醫師的檢查，格拉韋林醫師才終於知道自己發生了什麼事。

澄清時間

告知人們史塔汀類藥物治療法有什麼問題的最佳方式，就是跟他們談論許多嚴重的副作用。當一個年長患者告訴醫師自己的肌肉疼痛時，醫師通常會回答這是老化的正常作用，對於記憶力喪失也是同樣的說法。藥物治療的副作用通常會立即出現，但這些症狀卻是在使用史塔汀類藥物治療幾個月後才出現，所以醫師和患者都沒意識到這些症狀是出自該藥物。但如果患者一停藥後症狀就消失，他們自然不願意繼續服用史塔汀類藥物。

——烏弗・拉門斯可夫

在一九九〇年代初期，人們試圖證明史塔汀類藥物有價值，那時有個令人震驚的研究，是讓曾經發生心肌梗塞的患者服用史塔汀類藥物。長期間內的死亡率有所改善，但短期間內的死亡率——大約在三十天內——也有改善。這點不太合理，因為患者沒有足夠的時間改變自己的膽固醇代謝，更不用說去除已經存在的斑塊中的所有膽固醇。這個現象很難理解，因為它的作用不是從斑塊裡移除膽固醇。這件事多多少少為史塔汀類藥物增添一點神祕魅力。

——肯恩・施卡里斯

格拉韋林醫師告訴神經科醫師，他正在服用立普妥，對方的回應是「史塔汀類藥物不會造成這種情況」，這位腦部專家請他的患者繼續服用立普妥，但格拉韋林醫師已經開始「懷疑」並決定停止服藥，同時開始研究發生在自己身上的事。他跟大約三十位醫師和藥劑師，談論有關使用史塔汀類藥物和認知功能障礙之間的可能關係，他們全都說兩者之間沒有關聯。

　　幾個月後，格拉韋林醫師在二〇〇〇年三月回去看他的 NASA 醫師，對方希望他重新開始服用立普妥，這次只有一半的劑量（五毫克），格拉韋林醫師同意了。兩個月後，格拉韋林醫師經歷第二波的 TGA，持續時間長達十二個小時，醒來時人在急診室。經過這次的意外事件後，格拉韋林醫師知道自己對史塔汀類藥物的懷疑相當合理。他開始自行研究，想了解是否有其他人也經歷類似的副作用。

　　TGA 相當罕見，但服用史塔汀類藥物的大多數人都曾經歷各種有害的認知影響，像是混亂和定向障礙，然而，這些症狀往往被歸因於老化。我們常開玩笑地說，記憶力喪失和逐漸變老是密不可分的好友，但當你想到服用史塔汀類藥物的人有幾千萬時，你就必須懷疑，我們是否笑錯了對象？是否開立這些藥物的醫師知道真相，只是選擇不要告訴患者，或者他們跟患者一樣毫無所知呢？無論是哪一種，如果不是危及健康，真的都讓人覺得很可笑。

澄清時間

只有拒絕改變飲食的患者，我才會建議他使用史塔汀類藥物。對於不配合的病人，這是史塔汀類藥物可以扮演的角色。

——傑佛瑞·格伯

　　格拉韋林醫師在他優秀的教育網站（SpaceDoc.com）警告人們有關史塔汀類藥物的危險。關於這個主題，他也撰寫了四本書：《偷走記憶的立普妥》、《史塔汀類藥物的副作用》、《史塔汀的傷害危機》，以及《史塔汀類藥物的黑暗面》。過去十年間，格拉韋林醫師的膽固醇已經降到 200，他是靠著低醣、高脂的飲食自然達成，其中包括經常攝取全脂牛奶、整顆蛋和真正的奶油。然而，他因 TGA 而開始的認知功能衰退，已經發展成肌萎縮性脊髓側索硬化症（amyotrophic lateral sclerosis，ALS），又名葛雷克氏症（Lou Gehrig's Disease，俗稱漸凍人），他絕對相信，這個症狀起因於醫師開給他的史塔汀類藥物。

　　格拉韋林醫師告訴我，ALS 正「慢慢使他失去能力」，而他「不久後就必須坐輪椅」。他一直擔心的是，多數人完全不知道史塔汀類藥物「不可避免的副作用」，其中甚至包括干擾重要的腦部功能。格拉韋林醫師說：「史

塔汀類藥物在阻擋膽固醇的同時，不可能沒有阻擋 CoQ10 和長醇（dolichol，長鏈的不飽和有機化合物）之類極為重要的生化物質。**膽固醇對記憶的影響，已有完整的紀錄。膽固醇對於腦中各個記憶突觸的形成和作用都相當重要，成千上萬的人都可以作證，當缺乏膽固醇時，就沒有記憶。」**

他解釋，身體使用 CoQ10 和長醇建造粒線體。粒線體負責供應能量給細胞，所以被形容為「細胞的發電廠」。若這些身體正常功能的重要部分逐漸耗盡，「會導致損害和突變，造成肌肉病變、神經病變、數百種史塔汀相關的 ALS 病例，以及器官受損，像肝炎和胰臟炎。」格拉韋林醫師如是說。

格拉韋林醫師講述，自從史塔汀類藥物問世後，TGA 和 ALS 的發生率節節升高，但是很少有人把它們連結在一起。因此，他想用自己的悲慘遭遇，警告人們降膽固醇藥物的嚴重危險性。遺憾的是，除非醫師和患者能自我教育，否則一切都無法改變。在此同時，如果你正在服用史塔汀類藥物或年紀超過五十歲，請在飲食中補充 CoQ10。

一項丹麥的研究發現，補充 CoQ10 可以將心衰竭患者的死亡率減少一半。任何藥房都買得到 CoQ10，雖然有一點貴，但為了健康，花這些錢是很值得的。

澄清時間

有證據顯示，動物服用史塔汀類藥物，可能提高罹患癌症和先天缺陷的風險，並且降低認知功能。然而，證據並非如此強烈，因為所有的注意力都放在那些高膽固醇的人身上。

——克里斯・馬斯特強

史塔汀類藥物治療為什麼對女性可能無效

這本書的內容可能都是在辯論史塔汀類藥物的必要性，但有項令人信服的證據顯示，這類藥物對女性比較無效。挪威的研究者對五千二百名受試者進行一項長達十年的研究，結果發表在二〇一一年八月出刊的《臨床實踐評估期刊》。研究證明，「高膽固醇」（超過 270 mg/dL）的女性，死於心臟病、

心肌梗塞或中風的機會，比正常到低膽固醇（小於 193 mg/dL）的女性少了將近 30 ％。

　　一年前，十一個隨機、雙盲、安慰劑對照研究的分析結果發表在《內科醫學文獻》。結果發現，服用史塔汀類藥物的女性所得到的好處，並沒有像服用相同藥物的男性一樣多。事實上，服用史塔汀類藥物的女性，各種原因的死亡風險（也就是總死亡率）比較高，包括中風。該分析接著指出，女性服用史塔汀類藥物，可能因為不必要地用藥降低膽固醇濃度，使得她們出現心血管問題的風險更高。天啊！

　　最後，有項超過一千名患者的隨機臨床試驗結果，發表在二〇一二年六月出刊的《內科醫學文獻》。研究發現，女性在服用史塔汀類藥物降低膽固醇後，感到了不成比例的極度疲勞和精力衰退。

　　因此，如果你是正在服用史塔汀類藥物的母親或職業婦女，不要理所當然地認為是忙碌生活耗損了你的精力，真凶可能是那些原本應該讓你更健康的降膽固醇藥。無論如何，這些研究全都清楚顯示，除了值得進一步地探詢證據，更值得問問女性究竟是否應該降低她們的膽固醇。

▌每個人都應該服用史塔汀類藥物嗎？

　　我為了本書所訪談的專家之一，是相當受人敬重的血脂學家湯瑪士‧戴斯賓醫師，他是製藥公司阿斯特捷利康、信譽（Reliant）、亞培（Abbott）、默克、先靈葆雅（Schering-Plough）和賽諾菲安萬特（Sanofi-Aventis）的講師，也是亞培製藥和信譽製藥的顧問。因此，他不反對史塔汀類藥物，並且加入認為其副作用微乎其微的陣營。

　　不過，就連他都相信，**生活型態應該是改善心臟健康和膽固醇數值的第一步**。戴斯賓醫師在訪談過程中說：「多數時候，飲食和生活型態中的改變可能相當巨大。告訴人們需改變飲食和生活型態的最大問題是，每個人都認為這代表自己要進行低脂飲食。然而，關鍵在於認識擁有最新知識的醫師，他們知道健康生活型態的真正意義是什麼，不一定是美國心臟協會根據低脂飲食所說的內容。」

澄清時間

我從來沒有真正讓我的病人使用史塔汀類藥物，因為我知道控制膽固醇的正確方法，以及膽固醇迷思的真相與採用低醣飲食有很大的關係。如果我們能讓人採行正確的飲食，他們罹患心臟病的風險就會大大降低。這才是我們想在這裡討論的事：改善心血管代謝的風險，不是膽固醇。很可惜，一般大眾和開業醫師都把這兩件事混為一談，膽固醇不知怎麼的，變成了心臟健康的敵人，但事實真相絕非如此。

——菲利普・布萊爾

　　我們會在後續討論最新的營養資訊，現在只要知道，決定丟棄史塔汀類藥物，並嘗試透過飲食和生活型態管理心臟健康的人，必須對於自己正在做的事相當警戒且有條不紊。戴斯賓醫師說：**「多數人的真正問題在於，他們就是不去做改善健康所需要做的事。如果你希望完全不用吃藥，那麼你必須認真對待生活型態和飲食的改變。」**

澄清時間

我的丈夫在二〇〇七年開始吃高劑量的史塔汀類藥物，我也因此展開研究史塔汀的旅程。我開始自我學習，而他開始執行我學到的許多事物。他的醫師堅持要求他繼續服用藥物，但他在一年後停藥，而且過得很棒。起初，他不太敢放心吃高膽固醇的食物，像是雞蛋、雞胗和海鮮。吃過這些食物之後，他也不太敢做膽固醇檢驗。然而結果是，他的 HDL 上升、LDL 下降，這些全都是他從食物攝取額外膽固醇的直接結果。如果你從食物中得到膽固醇，它其實並不會變成 LDL。

——斯蒂芬妮・塞內夫

　　研究者發現，罹患糖尿病和阿茲海默症的風險升高，以及如杜安・格拉韋林醫師所說的耗盡關鍵營養素 CoQ10，都與史塔汀類藥物相關。有項研究發表在二〇一三年四月出刊的《代謝症候群和相關疾病》，奧勒岡州立大學的研究者發現，史塔汀引起的糖尿病是 CoQ10 耗盡的直接結果。我的天哪！

　　這一切難道不諷刺嗎？原本打算保護心血管健康的降膽固醇最佳藥物，

卻同時會消耗體內自然生成的 CoQ10（心臟健康的關鍵營養素），這種營養素也能降低罹患成年發病型（第二型）糖尿病的機會。嗯……我們為何從來都沒聽過史塔汀製藥商在花俏的電視廣告中談論這些？可以大作廣告的真相竟如此之多。

澄清時間

人們應該十分希望能對於自己正在做的事感到自在，並且理解什麼是該做的、更自然的事。有些人相信，科技或心臟科醫師告訴他們的是正確的事。進步的藥物科技已經成為他們的健康守護神，他們現在把藥物視為信仰崇拜。在此同時，另有一些人不相信日新月異的科技，而嚴格謹守更自然、尋常的方法。

你要知道自己的立場為何，你可能崇尚自然，也可能站在科技的那一方。如果你屬於後者，那麼你大概不相信任何有關史塔汀或膽固醇的負面說詞，而且你會把很多錢花在檢驗和一直有爭議的那些藥物。但如果你相信自然，請找一位跟你的健康哲學相符的醫師。一切終究歸結到自然 vs. 介入。目標是讓人不要依賴藥物，並且可以開始採取正確的飲食。已經有許多文獻證明，如果你有心臟衰竭，就不應該服用史塔汀類藥物，但沒有人真正注意這一點。我唯一會建議使用史塔汀類藥物的人，是曾發生心肌梗塞而不願戒菸的男性吸菸者。

——凱特‧莎娜漢

二○○七年五月，加州大學聖地牙哥分校的研究者碧翠斯‧戈洛姆（Beatrice Golomb）博士發表一項以獨立經費進行的「史塔汀功效研究」（Statin Effects Study）結果，這是首次檢驗和比較患者對這些經美國食品藥品管理局（FDA）認證藥物的效果有何回饋。

在檢視超過四千一百名受試者的反應後，戈洛姆博士和研究團隊發現：
- 多數的「不良效應」出現在使用較高劑量的史塔汀類藥物。
- 首次出現副作用後，復發症狀會頻繁地發生。
- 對史塔汀類藥物的典型反應，包括肌肉疼痛，難以記住事物，有刺痛、灼熱、麻痺的感覺，以及一般的易怒感。

- 其他症狀包括心情改變、狂暴惡夢、肝臟和胃部問題、呼吸困難、大量出汗、體重增加、胸部變大、皮膚乾燥、起疹子、陽痿，以及血壓改變。
- 史塔汀類藥物也對尿液中的蛋白、腎臟功能和心臟有負面影響。

澄清時間

你可能抽了三十年的菸都沒有出現問題，而人們持續服用史塔汀類藥物的時間還不到三十年。但如果你探究潛藏的代謝災難，亦即服用這些降膽固醇藥對身體造成的破壞，那就不是什麼美好的畫面。我已經在服用史塔汀類藥物的患者身上，看到一些顯著、真正使人虛弱，甚至危害生命的副作用，而且那只不過是我身為兼職醫師所觀察到的結果。如果我看更多的病人，還會發現多少人正在被這些藥荼毒和殺害呢？我告訴患者，史塔汀類藥物或許讓你增加十五年的生命，但它們並不是讓你多活十五年，而是會讓你感覺老了十五歲。

——馬爾科姆・肯德里克

　　研究者在分析中指出，所有症狀可能有、也可能沒有跟史塔汀類藥物有直接的相關，這些完全是參與研究的人，根據自己在服用藥物期間的健康狀況所分享的內容。

　　「史塔汀功效研究」的結果已經發表在《美國心臟協會期刊》、《內科醫學文獻》、《臨床控制試驗》和《內科醫學年鑑》這類同儕審查的期刊。更重要的是，任何開藥給高膽固醇血症患者的醫師都看得到這些結果（已在 StatinEffects.info 公開分享）。

　　這些醫師了解這個訊息嗎？看來似乎沒有，史塔汀類藥物仍然是高膽固醇和預防心臟病的主要治療方式。

澄清時間

雖然曾經歷冠狀動脈問題或手術的人，應該服用史塔汀類藥物，但絕對合理的是，每個人都應該先嘗試改變飲食方式。

——羅納德・克勞斯

　　決定自己是否想用史塔汀類藥物治療「高膽固醇」，是你應該跟醫師慎重討論的議題。已有證據顯示，史塔汀類藥物可能提供一些強效的抗發炎好處，或許它們應該以抗發炎的藥物來行銷，尤其是實情如果像越來越多的研究所指出的那樣，膽固醇較高對於心臟病風險可能有正面而非負面的影響。

　　根據發表在二〇〇五年十月十二號出刊的《美國醫學會期刊》的一項研究，一九六〇到二〇〇二年之間，二十到七十四歲民眾的平均總膽固醇濃度從 222 降到 203。健康的總膽固醇濃度被認為是低於 200。超過五十五歲的人如果可以讓這個數字顯著下降，更是值得稱讚；在美國，六十到七十四歲男性的平均濃度從 232 降到 204（下降 12 ％），女性則是從 263 降到 223（下降 15 ％）。研究的作者提到，史塔汀類藥物的使用，從一九九三到二〇〇二年幾乎變成三倍（從 3.4 ％到 9.3 ％）。有趣的是，雖然總膽固醇濃度下降，但三酸甘油脂的濃度卻逐漸升高。我們將在第十四章進一步討論為什麼這不是好現象。

澄清時間

膽固醇不是問題，膽固醇是人體內最重要的生化物質之一。躲在動脈粥狀硬化背後的是發炎，不是膽固醇。

——杜安・格拉韋林

　　重點是，如果你有高膽固醇但沒有心臟病，且從來沒有發生過心肌梗塞，就沒有確實的證據證明你應該服用史塔汀類藥物。事實上，這些藥對你的傷害可能比好處更多。

　　在你服用史塔汀類藥物之前，請確定自己已經用盡所有可能的自然飲食和生活型態選項。不過，就連提到飲食，都有許多我們向來以為真實的說法有待質疑。下一章，我們將會探討「有益心臟健康」的典型營養建議，以及這些建議（如史塔汀類藥物）為什麼對我們弊大於利。

澄清時間

如果你看有關史塔汀類藥物的使用建議，內容不會提到光是高膽固醇就足以成為服用這些藥物的理由。然而，人們往往只是膽固醇高，並沒有

出現任何代謝症候群的其他狀況或任何心臟病的危險因子，醫師就自動地開出史塔汀類藥物。

——大衛・戴蒙

艾瑞克・魏斯特曼 醫師的證言

我膽戰心驚地想著，醫學教育和目前的醫療保健體制已經讓多數醫師相信，藥物是對病人唯一有效的工具。「膽固醇－心臟假說」的訓練，再加上沒有時間多做一些開藥以外的事，完美地塑造出這個藥物至上的環境。

膽固醇跟你想的不一樣

▶ 用藥物來降低膽固醇濃度，關係到數十億美元的生意。
▶ 總膽固醇濃度超過200的患者，被強迫推銷史塔汀類藥物。
▶ 服用史塔汀類藥物的副作用，比一般認為的更普遍許多。
▶ 製藥公司瞄準保險公司，告訴他們史塔汀類藥物能增進心臟健康。
▶ 研究已經證明，史塔汀類藥物的使用者中出現某些共同的副作用。

Chapter 6

為何這麼多醫師對膽固醇一無所知？

澄清時間

當我們發現動脈裡有膽固醇時，對付它就成為標準的治療方法。此外，藥廠很快地趁虛而入，猛力影響這個領域的科學。他們的作法不是賄賂醫師……而是採取更高明的手段。我還記得那時他們請我去演講、他們讓我成為帶領風向的輿論家、他們資助我的研究、他們讓自己人進入美國食品藥品管理局審查小組，而且他們共同創建「國家膽固醇教育計畫」。所以，標準的治療方法就此誕生。如果走進診間的你有高膽固醇，而我沒有用史塔汀類藥物治療，那麼我的治療就被視為不符合標準。因此，現今醫師面對任何高膽固醇的患者時，基本上只會建議使用史塔汀類藥物來治療。

——德懷特‧倫德爾

　　要成為醫師是一件很不容易的事，需要多年的教育和龐大的財務投資。雖然能獲得的獎勵可能很棒，但還有什麼比奉獻自己的人生來治癒他人的疾病更崇高呢？請容我再說一次：我十分尊敬護理師、醫師、自然療法師、營養師、整脊師和其他醫療保健專家，敬佩他們願意做出造福眾人的偉大承諾。他們值得我們獻上最大的敬意和感激。

　　儘管如此，但我難以理解的是，多數受過傳統訓練的醫師，為何有關健康營養成分的學習會那麼地少？更不幸的是，他們所學大多是根據安塞爾‧基斯（我們先前曾討論過這個人）和喬治‧麥高文（George McGovern）推行的理論，麥高文是數十年前負責推動政府參與制訂標準化國家飲食建議的政

治人物。但在二十一世紀進行一切質疑基斯耍詐的研究該怎麼說呢？除了本書引述的專家外，主流醫學界似乎決心堅守過時且可能有害的想法。這點真的讓我相當困惑。難道不該遵守「希波克拉底誓詞」提到的「首要原則，不要造成傷害」？

澄清時間

過去五、六十年來，我們一直提供錯誤的建議。我們現在認為，應該更努力地推廣訊息，以承認我們對於肥胖和慢性病的想法全都有錯。這就像狂熱分子：他們無法改變心念，因為他們沒有能力這麼做。

——馬爾科姆・肯德里克

我的部落格讀者寄來一些讓人沮喪的電子郵件，他們很擔心醫師對自己的膽固醇結果有何反應。最令我難過的是，就算我們漸漸明白 LDL 和總膽固醇無關緊要，但是醫師仍在助長這個誤導的恐懼，僅僅依靠兩個數字就強推不必要的藥物。誠如我在第五章所說，史塔汀類藥物治療只對一小部分拒絕調整生活型態的人有效。然而，就絕大多數的人來說，這些藥物是開給不需使用的患者的過度處方。以下是其中幾封電子郵件的內容。

澄清時間

提供那些提醒醫師記得治療的數字，只是想方便行事。

——肯恩・施卡里斯

- 我的醫師希望我吃史塔汀類藥物，降低我 225 的總膽固醇和 147 的 LDL-C。我明顯地表示反對，因為我的 HDL 是 70，而我的三酸甘油脂是 41。
- 在五十三歲那年，我被診斷出第一型糖尿病。現在我遵照低醣的原始人式飲食。最近我的膽固醇數值升高，我的醫師開了低劑量十毫克的史塔汀類藥物，但是我不打算吃它！我的總膽固醇是 234，LDL-C 是 139。我的 HDL 是 85，而我的三酸甘油脂（家族的人都很高）是 148。我不希望開藥給我的可惡醫師，最後帶給我更多的問題。順道

一提，我的體重只有九十五磅（約四十三公斤），因此除了碳水化合物，我的飲食不太能再減少什麼。

● 我的膽固醇事蹟要從二○○六年說起，當時我被診斷出罹患第二型糖尿病。我的醫師提到，因為我的 LDL-C 是 165，所以 199 的總膽固醇算高。我的 HDL 低到只有 28，而三酸甘油脂是稍微高於臨界點的 154。我的空腹血糖是 258，我的醫師希望這個數值能立刻下降。兩個月後，他開給我立普妥的處方，因為他希望我的 LDL-C 低於 100。我願意服用史塔汀類藥物，但我太太警告我會有副作用。在研究的過程中，我無意間讀到杜安‧格拉韋林醫師和其他膽固醇懷疑者的著作，促使我不要根據處方買立普妥。就在那時，我發現糖尿病適用的低醣飲食，於是決定一試。當我最後回去看醫師、預計他會質問我為什麼不吃降膽固醇藥時，發現我的 LDL 降到 101——完全不靠任何一種藥物——讓我十分驚訝。不用說，我們再也沒討論過史塔汀類藥物。我的 LDL 一直保持在 100 左右，我的 HDL 膽固醇上升，而我的三酸甘油脂降到 100 以下。我還是無法相信，我的醫師為何從來不告訴我，低醣、高脂飲食對於改善膽固醇數值這麼有效！

● 最近我換了醫師，我的新醫師注意到在我的圖表中，總膽固醇是 246、LDL 是 157、HDL 是 70，而三酸甘油脂是 97。她問我，其他醫師是否跟我討論過服用史塔汀類藥物。我向她解釋，以前的醫師說我不需要，因為我的 HDL 很好，這能保護我的心臟，而且我的膽固醇檢查的所有相關比例都非常好。她完全忽略我說的話，直接開給我史塔汀類藥物。我打去診間詢問，得到的答案是，光是 LDL 高就有必要開藥。我告知他們，由於我的相關比例都很棒，所以我拒絕吃藥。

● 過去我的膽固醇一向出現紅字，那時我是個嗜吃碳水化合物的素食者。我的三酸甘油脂當然很高，而且我很胖，但是見鬼了，我的總膽固醇不到 130 ！之後我改成低醣飲食，開始吃肉，而且減掉了七十磅（約三十二公斤）。我的 HDL 升高，但 LDL-C 也升高。當我的總膽固醇來到 252 時，醫師診間裡的專科護理師嚇壞了，我向她解釋我並不擔心，但是她無法接受。

● 我服用冠脂妥一年左右，但在我進行低醣飲食不久之後就自己停藥。

我剛剛做完年度體檢，血液檢查得到的總膽固醇數值是 210，比我在服用史塔汀類藥物時的 127 高。毫不意外地，醫師希望我重新開始服用冠脂妥。呸！

● 我的總膽固醇 185，使得我的初級診療醫師每次看到我時，都大聲向我喊著：史塔汀、史塔汀！

澄清時間

為什麼多數醫師和醫學專家在評估患者的心血管風險時，傾向只看 LDL-C 和總膽固醇呢？可用來解釋的因素不只一個。首要原因是醫師缺乏自我教育，他們就是不願意敞開心胸看看這些議題。然而遺憾的是，大多其實跟體制本身有關。我們的醫療保健體制強調量大於質，醫師只能根據看的患者人數得到報酬。我們都屬於這個體制，特別是初級診療醫師，跟專科醫師相比，我們得到的報酬不算好。不過，身為初級診療醫師的我們，可以做的預防面向卻能省下數十億美元。就是這樣的體制，迫使我們不得不看大量患者，花在每個人身上的時間很少，面對面的時間平均只有三到七分鐘。所以，你進出診間的時間很短，沒有機會得到生活型態指導或是做治療上的改變。此外，你必須支付的間接成本越來越高，而保險公司的給付卻逐漸減少。

——拉凱什・帕特爾

採取行動
你的醫師缺乏遠見，不代表你也必須如此！

誠如我們在本書經常說的，絕大多數的醫師眼中似乎只看得到膽固醇檢查的兩個數字：總膽固醇和 LDL-C。他們說，理想上，總膽固醇應該低於 200，而 LDL-C 應該低於 100。這些神奇的數字是誰提出來的呢？問問多數醫師這個問題，你大概會得到像是這樣的答案：「嗯，這是我們一直在用的標準。」但為什麼呢？誠如你已經學到的，當膽固醇數值降到似乎標準的程度時，心臟健康並沒有顯著的改善。

澄清時間

問題是，膽固醇實驗室在告訴醫師如何思考他們檢驗的數值：眼見為憑。
你忘掉在醫學研討會曾聽到的任何新訊息，因為你不斷地看著每一個做
檢驗的患者的白紙黑字結果。這就是最大、最大的問題。為什麼實驗室
數據不改成符合最新的科學呢？因為實驗室主任不打算破壞現狀，危及
自己的職業生涯。他們不希望醫師打電話來說：「搞什麼鬼？我從來沒
聽過這個。」他們打算維持現狀。這大概就是為什麼我們還陷在這種老
舊膽固醇思考的原因。

——凱特・莎娜漢

　　現在你也知道，多數的初級診療醫師如何治療「高膽固醇」問題：他們
告訴你要減少攝取脂肪、多做運動，並且服用史塔汀類藥物，像是立普妥或
冠脂妥。這些藥物對你的健康可能造成的副作用令人擔憂，比起任何高膽固
醇的危險都糟糕許多。

澄清時間

許多醫師只看你的圖表或看電腦，完全忽略身為患者的你。然而，他們
需要看看你。從醫師的觀點，我最想看我的患者如何走進診間、他們如
何行為表現、他們是否警覺、他們的膚色看來如何、他們是否有任何腫
脹。然而，醫學界現在已經不做這些。這似乎是一門失傳的藝術，不太
可能在每三個月一次的十分鐘會面中完成。患者不過是一些數據值，醫
師對於他們健康的真實情況完全沒有概念。
醫師的主要任務應該是讓人覺得更好。如果患者來找他們時，醫師卻看
也不看或想都不想，怎麼可能做到這一點？太多醫師試圖只做機械性的
工作，沒有考慮患者的整體福祉。但實際上，患者可以自己選擇想不想
接受醫師提出的任何治療。

——菲利普・布萊爾

　　因此，想到醫療保健體制對患者有多不利，讓我在聽到讀者說他們如何
抵抗來自醫師的壓力時，總是感到敬佩。無論他們是拒絕史塔汀類藥物的處

方，或是把焦點轉移到營養治療，我都十分讚賞他們對自己的健康所採取的行動。這只是因為醫師的營養學知識有限，並不代表你也必須如此。

澄清時間

在此有個潛在問題，當醫師和科學家了解了某事物並將之深植人心後，我們通常覺得很難放掉這些想法。我認為，即使面對壓倒性的證據，我們也沒有在應該改變時就改變立場。就算事實似乎改變，我們也無法隨之改變。部分原因在於，我們拒絕接受與固有成見不符的事實，但也別忘了製藥和食品公司結交及培養「重要意見領袖」引領臨床醫師、研究者和媒體的能力。他們可以賺得許多財富，還能得到顯赫名聲，這或許讓有些人難以抵擋。

——約翰・布里法

沒有任何醫學訓練的你，如何說服受過一切訓練並有多年經驗的醫師，讓他們相信自己關於膽固醇的想法有誤？我的醫師願意聽我說想說的話，但他的想法還是根植於他的教育，以及多年行醫經驗帶給他的傳統觀念。就連我都很害怕質疑權威；我也擔心冒犯我的醫師或惹他生氣。這樣的想法很自然，但請記住，好醫師的職責是讓他的患者更健康，健康不良的結果只會讓他跟你一樣沮喪。因此，假如你的健康因為選擇嘗試低醣飲食而有所改善，或許能激勵你的醫師採用有別於以往的方式思考。

幾年前，我在播客訪問的一位醫師這麼說：「患者永遠是老闆，醫師只是受僱的人；你聘僱他來諮詢你的健康。所以，談到你的健康，你才是做最後決定的人。」

澄清時間

遺憾的是，我們無法永遠仰賴醫師有話直說，也不能只靠他來得到明智、犀利的答案。因此，患者有責任教育自己，多多接觸網路上的健康和營養資訊，並且帶著自主權走進醫師診間。
醫師確實偶爾會有幫助，但是他們通常只開給患者一些可笑的處方。

——威廉・戴維斯

我認為，一般人找醫師檢查膽固醇其實是大錯特錯。他們只會讓自己走向因為不是病的病而遭受毒害一途！人們必須了解，有些看似常規的事，卻是為了健康而完全不該做的事。最不幸的是，醫師並沒有懂得比較多。

——唐納德・米勒

治療高膽固醇的體制總得要改變，無論是從上到下，醫師不再過度開立史塔汀類藥物；或是從下到上，像你我這樣的人透過改變飲食和生活型態，改善心臟健康的危險因子。眼見為憑：我為這本書訪談的多數醫師和本書的共同作者魏斯特曼醫師，在親眼見證患者的結果之後，全都開始相信飲食改變的價值。

讓你自己成為醫師可以佐證的最佳範例吧！

澄清時間

醫師的單純想法是，如果他們能讓數值看來都好，那麼一切都令人滿意。不過，他們讓數值好看的方法是餵你吃一些毒素，而這些毒素會打亂一些生化途徑。這真是愚蠢的事！卻是他們真真切切用史塔汀類藥物做出的事。史塔汀是毒素，它會破壞肝臟製造膽固醇的能力……這絕對是你對自己的身體能做的最糟的事。膽固醇對所有的組織都非常必要。

——斯蒂芬妮・塞內夫

讓你的醫師完成他需要做的所有標準治療方案，以保持遵從醫囑——即使他開給你史塔汀類藥物處方。但這不表示你必須滿足於這一切！這是讓你的醫師不會因為沒有適當治療你的高膽固醇而惹上麻煩，如果你的心臟健康出了什麼狀況，他能有法律保障。然後，嘗試低醣飲食，盡量多吃新鮮、沒有加工的食物和健康的脂肪。我敢打賭，你會看到我們在本書一再討論的數值大多都自然改善了。

越來越多醫師願意接受這方面的教育，他們希望擺脫史塔汀類藥物，因為他們在患者身上看到這類藥物對健康和生活品質的不良影響。請藉由證實生活型態的益處大於人為用藥改變，讓醫師更有力量。

澄清時間

需要大量教育，才能除去占據你心中多年的膽固醇洗腦。我花了很多時間跟個案討論血糖濃度，以及像升糖素、胰島素、瘦素和飢餓素等荷爾蒙。我們討論新陳代謝，以及「卡路里就是卡路里」的主流飲食建議。曾經試過主流建議卻沒有效果的人，最容易產生共鳴，這時告訴他們一定有更好的方法，就很容易被他們接受。當你深入了解背後的生物化學及身體如何運作時，你會意識到，自己以前相信的都太過簡單了。

——凱西·布約克

　　我的一位部落格讀者分享了一個十分特別的故事，內容是她採用低醣、高脂飲食減輕了一百多磅後，偶然遇到她的家庭醫師。醫師很訝異她瘦這麼多，但還是擔心她升高的膽固醇數值。與其勉強接受未來無數年都得當處方藥的奴隸，她寧可選擇做自己的研究。她在我的部落格發現一些無價的訊息，雖然多數患者完全屈從白袍者的要求，但她奪回了對自己健康的控制權。她是「患者有時能拿來教醫師」的活證據，以下是她寫給我的電子郵件：

嗨，吉米：
　　希望你別介意我跟你聯絡，因為我想要跟你分享一些事情。
　　我的醫師很驚訝我瘦了一百零三磅（約四十七公斤），感謝低醣飲食。但我在兩個星期前才剛做完血液檢驗，他打電話告訴我，說我的膽固醇比以前更高，而且他說因為我的母親很年輕就心肌梗塞，所以他很擔心我。
　　他說，我若不從現在開始服用史塔汀類藥物，就自己透過飲食或運動試試，他會過六到八個星期後再檢查一次。他告訴我，如果結果相同或更高，希望我能開始服藥。
　　我必須說，我從來都不運動，而且在過去的一年半減掉了多數體重。我一直在想，我應該開始運動，但就是無法定期這麼做。不過，我在做家事的同時向來會一邊手舞足蹈，讓自己多動一動！我的小狗以為我想要跟牠們玩，所以牠們全都十分興奮。嘻嘻！我患有多囊性卵巢症候群（polycystic ovary syndrome，PCOS），導致我發生憩室炎，有時會嚴重發作。不用說，我會避免接近讓我不舒服的食物。

醫師說，我需要多吃纖維，但我在低醣生活型態中無法吃豆子或生的蔬菜。一直以來，我都吃沒有顆粒的花生醬，有時塗在低醣的薄餅，有時直接用湯匙吃。我對各式各樣的乳酪過敏，甚至連酸奶油和奶油乳酪都不能吃。還有很多食物的味道我不喜歡，我就是沒有辦法吃它們。因此，我的食物選擇非常少，但我確實從來沒有在低醣飲食中感到飢餓。

我的醫師推薦我多吃雞肉、少吃紅肉，而且建議我應該攝取很多蔬菜和水果。從有記憶以來，每當我吃水果時，都因為糖而感到不舒服。我沒有糖尿病，也經常做檢驗，他們總是說我沒有任何糖尿病的徵象。顯然這是因為多囊性卵巢症候群，而且我的身體有胰島素阻抗，無法適當處理碳水化合物和糖。過去那個週末，我只吃了兩小塊哈密瓜，肚子就覺得怪怪的。

跟醫師談過之後，我自然被嚇壞了，於是開始在網路上搜尋，我的先生也這麼做。他找到一篇你的舊部落格文章，內容是你在二〇〇七年訪問威廉・戴維斯醫師，這位心臟科醫師建議他的患者採行低醣生活型態，而且他人在威斯康辛州的密爾瓦基市。我也是！

我開始閱讀你的部落格文章和其他連結的內容，你和其他人都提到自己的醫師告訴自己有高膽固醇，並希望自己能服用史塔汀類藥物。有些人還做了心臟掃描，全都沒有問題，意思是，他們終究不需要服用任何的處方藥。因此，這讓我開始思考，並且打電話到戴維斯醫師的診間，想找出我家附近可以做心臟掃描的地點。我打了電話預約，然後去做心臟掃描，看看自己現在是什麼情況。

做掃描的女士後來讓我看電腦上的影像，告訴我該找些什麼，她說她看不到任何的斑塊堆積。太棒了！幾天後，我收到寄來的紙本報告，果然，我的心臟掃描結果是一個又大又圓的〇！（沒錯，就是零！）像我這樣六十歲女性的正常讀數，至少是 25%。他們也寄了一份報告給我的醫師，我跟他約好要重看這些檢查結果。

當我的醫師走進診間時，他滿臉笑容地說，我的心臟掃描報告好得不能再好。他說，六十歲的人鈣沉澱分數是零，真是太了不起了。他說他完全不覺得我需要服用任何的膽固醇藥物，實際上他很高興我主動去做心臟掃描。他問我怎麼知道有關戴維斯醫師和心臟掃描的消息，所以我告訴他，這一切全都是從你的部落格和提供的連結得知。

他問我為什麼想做心臟掃描，我便告訴他，如果沒有需要，我一點也不想沾上任何藥物。就在那時，我開始在網路上搜尋，並且找到你的部落格文章。他很高興我對自己的健康採取這麼主動的態度。那一天，我覺得自己是個有自主權的患者，而且因為控制自己的健康讓醫師為我感到驕傲，也是件很棒的事。我當然覺得更棒，他也這麼認為。

誰知道呢？或許這讓他稍微開了眼界，現在他理解到，不是每個膽固醇報告高的人都需要服用史塔汀類藥物。或許將來他在開藥以前，會先建議患者去做心臟掃描。他沒有這麼說，但我猜想他有可能改變治療患者的方法。

非常感謝你為所有人做的一切。你和克莉絲汀，還有在低醣界努力耕耘的其他每個人都棒極了。我很喜歡讀這些文章，但我不打算發表太多意見，否則我會一整天都掛在電腦上，其他什麼事都不做！謝謝你的存在，也謝謝你對所有人的幫助，更謝謝你帶來如此美妙的啟發！

哇！這個完美的例子，真切說明受過教育且有自主權的患者如何改變自己的健康，而且也有可能改變其他人的健康。當你拒絕相信藥物是改變健康的唯一選擇時，接著你就會做這位讀者做過的事：了解更多替代的檢驗並且執行，無論你的醫師是否希望你這麼做。

我常常問我的播客來賓，為什麼患者這麼願意吃危險的藥物，沒有先窮盡一切可能的自然選擇。他們多數回答，這跟從小到大都相信你可以信賴醫師的教育有關，而且醫師的誓詞是「不要造成傷害」。如果藥物不是安全、有效，他們為什麼會開呢？然而，現在典範已經開始轉變。如果我們全都追隨前述那位激勵人心的女性的腳步，又會如何呢？

澄清時間

如果人們轉向吉米·摩爾這樣的人尋求自己健康問題的解答，而不只是依賴自己的醫師（因為醫師也沒有頭緒），不是很有趣嗎？多數醫師從一九八五年起就不曾啪地一聲翻開教科書，過去三十年來或許只是消遣般地讀過一些醫學期刊。

新趨勢是尋求健康資訊的患者主動投入並獲得自主，因為這會對他個人造成影響。此外，患者也轉向彼此尋求資訊。像吉米·摩爾這樣的人，

對於這方面的知識，就遠遠超過了 99% 的初級診療醫師和我的心臟科醫師同事。

——威廉·戴維斯

艾瑞克·魏斯特曼 醫師的證言

自我從典型的內科醫師變成處理營養的醫師以來，我幾乎沒有用過處方箋。現在我利用自己的醫學知識，幫助患者安全地脫離藥物。我透過臨床研究和參加「美國減重醫師學會」的會議，來進行自我訓練。

在此要跟高膽固醇迷思唱個反調：降低膽固醇——誠如大多數醫師的堅持——實際上或許對你的健康（心臟或其他方面）造成更多傷害。沒錯，新的證據顯示，膽固醇太低比高膽固醇更糟。如果你或認識的某人認為總膽固醇低於 150 是件好事，那你們一定不想錯過第十三章的內容。

膽固醇跟你想的不一樣

▶ 醫學專家因為他們對患者的承諾而應該得到尊重。
▶ 慢性病和營養之間的關係被硬生生分開。
▶ 醫師利用恐嚇手段讓他們的患者服用史塔汀類藥物。
▶ 重新掌控自己的健康，而不是完全只仰賴醫師。
▶ 讓自己成為生活型態強力改變的最佳例子。
▶ 配合醫師完成他必須遵從的法案，然後去做你該做的事。

Chapter 7

我還是很擔心我的高膽固醇！

澄清時間

絕大多數人當中，如果總膽固醇介於 160 到 240 mg/dL，早逝的風險差異小到真的不需要特別擔心。但如果膽固醇濃度特別高或特別低，那就另當別論。大約 98% 的人，LDL 和總膽固醇濃度還算不錯。

——馬爾科姆‧肯德里克

關於人們對膽固醇的真正想法，我覺得自己好像是嘗試讓人改信我的宗教的牧師。

——凱特‧莎娜漢

　　我理解，有些人心中還是對本書提到的一切感到些許遲疑和疑慮。這完全正常：你在對抗的是幾十年來一直受到扭曲的真相、謊言和錯誤訊息。舊有習慣（以及理論）很難消失。我當然也有懷疑的時候，因為我自己的膽固醇濃度高得嚇人。幸好有許多值得尊敬的健康專家（其中許多都在本書出現）挑戰當時公認的智慧。以下是根據他們多年累積的研究和執業經驗，提出了在你被自己的高膽固醇嚇壞前，值得好好思考的十件事。

1. 判定你的膽固醇是否真正算高

　　若是看到高於 100 的 LDL-C 或高於 200 的總膽固醇，我們往往會自動假設中風或心肌梗塞的風險節節上升。然而，營養學家暨血脂專家克里斯‧馬

斯特強博士斷言，這些較高的膽固醇數值——我們向來被告知代表疾病——與「完全沒有心臟病的非現代化人口」不相符。

馬斯特強博士告訴我：「在確定完全沒有心臟病的族群中，被研究最透徹的是巴布亞紐幾內亞的基塔瓦人（Kitavan）。男性的總膽固醇終生都傾向於 180 mg/dL 左右，女性在年輕時的總膽固醇大約是 200 到 210 mg/dL，然後到中年時上升到 250 mg/dL。誠如你所見，男性是在我們所謂正常範圍 200 mg/dL 的臨界點以內。然而，女性的膽固醇則落在美國人認為是『恐慌模式』的區域。」

的確就是恐慌模式。如果身體大致健康的四十七歲女性有 250 的總膽固醇，她的醫師肯定會強烈要求她吃高劑量的史塔汀類藥物和低脂飲食。然而，基塔瓦人證實，這樣的恐慌毫無根據。事實上，馬斯特強博士提到紐西蘭的托克勞（Tokelau，當地人在日常生活中攝取大量的椰子油），那裡的男性隨著年齡增加，總膽固醇濃度從 180 上升到 220 mg/dL，女性則是從 200 躍升到 245 mg/dL。馬斯特強博士相信，我們應該使用這些數字做為理想膽固醇濃度的指南：「該從哪裡開始尋找潛在的問題？根據這個資料，我的粗略估計是，如果男性的總膽固醇超過 220、女性的總膽固醇超過 250，就是可能會有問題的跡象。」

馬斯特強博士補充，還有其他的重要數值需要考慮，亦即 HDL 膽固醇濃度以及總膽固醇對 HDL 膽固醇的比例。他說：「如果有人的總膽固醇是 250，而總膽固醇對 HDL 膽固醇的比例是三，那我不會太擔心。但如果比例在七左右，通常就伴隨著需要詳細檢查的代謝問題。」

如果你的醫師用基塔瓦人——一個完全沒有心臟病的傳統文化——的眼光看待膽固醇，或許他會重新思考什麼是普遍認為的高數值。

2. 膽固醇參考範圍是人口的平均

我們才剛剛得知，在一個心臟健康的族群中，總膽固醇的範圍高於主流醫學告訴我們的理想值。

但醫師用來判斷你需不需要擔心的傳統參考範圍是怎麼來的呢？這些數字有多可靠呢？如果你問澳洲墨爾本市（Melbourne）的生化學家肯恩・施卡

里斯博士，他會告訴你，那些測量膽固醇的臨界點不過是受測人口的平均值。因此，它們無法指出你是否處於潛在的生病狀態。

施卡里斯博士說明：「膽固醇數值的解讀，本質上是一種自我實現預言。人們探究膽固醇濃度，如果它們在某個臨界點，那麼心肌梗塞的風險就增加。但如果你看看臨界點的意義，你會發現那只不過是人口的平均膽固醇。因此，如果你的膽固醇高於平均，你的心臟病風險就高於平均。然而，這個臨界點的界限，真的不偏不倚地就在一般人口的中間。」

此外，施卡里斯博士相信，總膽固醇保持在 200 以下的建議，不只是武斷和不切實際，還跟多數實驗室如何進行檢驗完全背道而馳。施卡里斯博士說：「如果你的膽固醇高於平均，它就推斷你生病的風險增加。我們降低臨界點，可讓人們對疾病更敏感，但這卻使得超出範圍的可憐患者認為自己有某種可怕的突變，需要對此採取激烈的手段。」

所謂的激烈手段，施卡里斯博士指的是訴諸史塔汀類藥物治療，以及減少飲食中的脂肪和熱量。然而，誠如他所指出的，這些都是對一個並不存在的問題的過度反應。他說：「當你告訴大家，人口中有 50% 高於這個臨界點時，他們開始放鬆，並想知道總膽固醇以外的其他危險因子。誠如你所見，這全都是自我增強的膽固醇迷思。我猜想，就是在那時，食品工業也插上一腳，開始把所有東西都標上『低膽固醇』。」

請記住這個關鍵要點：總膽固醇濃度為 200 的量尺，只不過是受測人口的平均值，因此高於那個濃度並不會自動地置你於任何風險中。

3. 削減膳食脂肪和膽固醇不會改善你的健康

我們在後面會討論許多膳食脂肪——特別是飽和脂肪——和膽固醇在改善心臟健康方面扮演的驚人角色。這跟多數人從小相信到大的事正好相反，明尼亞波利斯市（Minneapolis）的註冊營養師凱西・布約克（人稱「營養師凱西」）在協助個案時發現了這一點。

布約克告訴我，當人們獲悉吃脂肪和膽固醇不會讓你變胖、也不會阻塞動脈（違背我們一直以來所相信的），可能「非常震驚」。她說：「在飲食中減少飽和脂肪能降低心臟病的風險，這個預防訊息的背後根本沒有充分的

科學證據。科學實際上證明的是相反的效果，健康教育者必須停止教導這種過時且沒有研究基礎的訊息。」

如果你擔心自己的高膽固醇濃度，布約克建議你利用進階膽固醇篩檢（請見第十三章的討論），看看你的 LDL 粒子屬於哪一類。這些檢驗能讓你明白，飲食中增加更多的脂肪和膽固醇會得到好處。

布約克說：「我最喜歡的進階膽固醇檢驗是核磁共振脂蛋白檢驗，因為它能顯示 LDL 粒子的差異。多數人在醫師幫他們驗血時，只看自己的總膽固醇、LDL 和 HDL。」

布約克告訴我，若是沒有涵蓋本書討論的其他所有因子，在此背景下的總膽固醇數值「幾乎沒有意義」。很高興知道有營養學界和醫學界的人了解並分享這個真相。

4. 史塔汀類藥物的風險，遠超過發生心肌梗塞的絕對風險

第五章中複習了許多跟服用史塔汀類藥物有關的心臟風險。然而，還有其他驚人的統計資料值得分享，特別是因為有數千萬人正在服用這些藥物，試圖改善自己的健康。

研究者暨內科醫師烏弗‧拉門斯可夫一直在發出反史塔汀的警報。他告訴我：「你從史塔汀類藥物治療得到的好處微乎其微。例如，曾經發生心肌梗塞的六十五歲男性，五年的存活率大約是 90%。如果他每天服用史塔汀類藥物，只會增加 2% 的機率。僅止於此。」

製藥工業的發言人讓我們相信，服用藥物的好處有多麼神奇，但他們只有指出相對風險（呈現較大的自覺獲益百分比），沒有提到絕對風險（重要獲益非常之低）。

拉門斯可夫博士解釋：「藥廠告訴我們，服用史塔汀類藥物可以降低 20% 的心肌梗塞風險，因為死亡率有 2% 的差異。也就是說，服用史塔汀類藥物的死亡率是 8%，而沒有用藥治療則是 10%。然而，使用百分比而非百分點的改變，真的太容易令人誤解。」

根據拉門斯可夫博士的說法，如果你服用史塔汀類藥物，存活率些微上升了兩個百分點。

但此時有些負面影響需要加以權衡，根據獨立研究顯示：史塔汀類藥物也會增加 4% 的糖尿病風險、20% 的陽痿風險，以及超過 40% 的肌肉關節疼痛風險。

我不知道你的想法，但就我的觀點，相較於這些非常嚴重的副作用，高膽固醇的潛在缺點完全相形見絀。

拉門斯可夫提出警告，現在也有新興的證據顯示，史塔汀類藥物治療可能造成癌症。他說：「有個相關問題是：你想死於心肌梗塞發作，還是死於降膽固醇藥物誘發的癌症？」

5. 考慮你的腸道健康

第十一章會提出九個原因，說明你的膽固醇濃度為什麼可能升高。在此有另一個值得探討的原因：問題可能出在腸道裡的寄生蟲或原蟲（protozoa）。好噁喔！保羅・傑敏涅建議大家去做 Metametrix 公司（譯註：隸屬於 Genova Diagnostic）腸胃道功能糞便檢驗，找出腸道裡可能造成嚴重破壞的任何微生物。若想知道更多關於這個檢驗的消息，請上網站 Metametrix.com。

6. 嘗試使用調整膽固醇的補充劑改善你的數值

本書引述的專家之一暨委員會認證營養學家喬尼・鮑登博士建議，與其開藥，不如使用已經證實能有效改善血脂檢查和整體心血管健康的一系列調整膽固醇的補充劑。

鮑登博士說：「我覺得對心臟健康最好的補充劑是來自魚油的 ω-3、鎂、CoQ10、白藜蘆醇、薑黃素、維生素 D、維生素 C 和佛手柑。這些補充劑有抗發炎作用、抗氧化力，在其他許多方面都有助於維持動脈和心臟健康。佛手柑像鎂一樣能降低血糖，也能降低三酸甘油脂和提高 HDL 膽固醇。鎂能放鬆動脈管壁，同時降低血壓。」

請容我再說一次：你的身體並沒有缺乏史塔汀類藥物！相反的，無論你的膽固醇濃度多少，身體都很渴望保護自己所需要的真正營養。鮑登博士總結說：「提供身體所需，它就會按照該有的方式發揮作用。」

7. 考慮做電腦斷層心臟鈣化掃描

澄清時間

有個稍具爭議的檢驗我真的很喜歡做，那就是電腦斷層心臟掃描，因為它直接看你的動脈裡是否有任何斑塊。如果是零，你就沒有問題。如果你發現其中一條動脈有斑塊，通常身體的其他地方也有斑塊形成。如今已經證實螯合治療可以逆轉斑塊，將心肌梗塞後的心臟損傷降至最低。

——弗萊德・庫默勒

　　或許你也想問：高膽固醇是否真的會損害心臟？複雜的回答是，膽固醇升高本身不是疾病，問題在於氧化 LDL 粒子穿透動脈管壁，轉變成鈣化斑塊。這就是為什麼我鼓勵所有擔心高膽固醇的人都去做電腦斷層心臟鈣化掃描，因為你可以知道動脈裡有沒有任何鈣的堆積正在出現。心臟手術專家唐納德・米勒醫師同意，這種簡單、非侵入性的檢驗，對於判斷「冠狀動脈裡是否有真正的疾病」是「相當合理」的方法。米勒醫師說：「如果分數低，那你可以忘掉高膽固醇的任何意義。如果分數高，就有必要透過低醣飲食做適當的改變。」

　　身為多年來膽固醇一直都高的人，我相當注意自己的電腦斷層心臟掃描鈣化分數。準備寫這本書時，我在二〇〇九年進行這項檢驗，到了二〇一三年又做一次。這兩次檢查結果中，膽固醇都超過 350，而電腦斷層心臟掃描鈣化分數都是零。米勒醫師說，對於像我這樣高膽固醇的人，看到電腦斷層心臟掃描鈣化分數很低或是零，可能「相當令人欣慰」。他說：「如果你的冠狀動脈沒有任何鈣化，就不要一直測量你的膽固醇。電腦斷層心臟掃描鈣化的分數好，代表你罹患冠狀動脈疾病的風險極低。繼續過你的生活，去擔心其他的事吧。」

　　電腦斷層心臟掃描鈣化分數的檢驗費用相對不算太貴（在我住的南卡州費用不到一百美元），但是需要醫師處方才能進行。而且必須確定你的醫師開了正確的處方，因為有另一個染料注射到身體裡的類似檢驗，可能需要花費數百美元。

　　「奧克蘭兒童醫院暨研究中心」（Children's Hospital Oakland Research

Institute）的動脈硬化研究主任暨資深科學家羅納德‧克勞斯醫師也建議，利用電腦斷層心臟掃描了解你的冠狀動脈鈣化分數，他認為這是「心肌梗塞風險的最佳指標，若需要任何治療，它也可以用來幫助決定要使用何種療法。」羅納德醫師說：「如果某人的鈣化分數降低，我有可能不會那麼積極，若是結果提升，我就可能積極行動。」

好消息是，如果你的電腦斷層心臟掃描鈣化分數回到零，你在五到七年之內不需要再做一次。對於正在應付高膽固醇的人來說，這個簡單又無痛的三分鐘檢驗，是判定自己實際上有沒有心臟病跡象的絕佳方式。

8. 頸動脈內膜中層厚度檢驗也可測量斑塊是否存在

還有一個很棒的方法能測量是否有任何心臟病的跡象，那就是頸動脈內膜中層厚度（carotid intima-media thickness，IMT）檢驗，利用超音波測量頸動脈四周的厚度。傑佛瑞‧格伯醫師將這項檢驗結合電腦斷層心臟掃描一起解讀。格伯醫師提到：「形成斑塊需要三十年以上的時間，膽固醇濃度升高的患者，可以每三到四個月做一次膽固醇分析，看看它們的狀況如何。」

澄清時間

做頸動脈內膜中層厚度超音波，可以實際測量你的動脈粥狀硬化狀況。

——派蒂‧西利－泰利諾

除了提醒你的醫師注意潛在的傷害外，這項檢驗主要能讓你安心。但格伯醫師說你可以更進一步：「如果患者特別擔心，我會讓他們做心導管檢查。不過，這只針對檢驗結果顯示確實處於高風險的患者。」

知道有許多方法可以判定你的心臟是否有實際傷害，是一件很好的事。如果你依然擔心，那就做一做檢驗，再根據結果行動。

艾瑞克‧魏斯特曼 醫師的證言

想像回到哥倫布離開西班牙、前往新大陸的時代——即使他強烈抗議他會從地

球的邊緣掉下去。船桅頂端的人是否正向前遠望，好在發現世界的盡頭時確定
能掉頭離開？

雖然有人大聲疾呼低醣飲食有害，卻沒有證據支持這個信念。如果你想要，請
去檢查你的動脈，確認是否有動脈粥狀硬化。醫師要先檢查血膽固醇的理由，
是監測並預防動脈的疾病。

....

9. 定期進行間歇性斷食以降低LDL粒子

等等，你剛剛說的是斷食嗎？這是說有一段時間完全不吃任何東西嗎？
沒錯，就是這樣。

斷食的想法讓很多人望之卻步。然而，根據《紐約時報》暢銷書《小麥
完全真相》的作者威廉・戴維斯醫師所說，定期、間歇的斷食已經證明能降
低血中的 LDL 粒子濃度。

在密爾瓦基市執業的戴維斯醫師說：「我從經歷的奇聞軼事中發現，
LDL 數值高得誇張的人最能從間歇性斷食這類的事中獲益，這是模仿自然的
人類剝奪經驗。當你進行間歇性斷食時，之後幾天你可能會看到三酸甘油脂
上升。這是一件好事，因為這是從貯存在身體裡的脂肪釋放出的三酸甘油脂，
完全是自然的反應。

「人們有時會在體重減輕過快，而三酸甘油脂上升、HDL 下降和血糖升
高時，感到心煩意亂。他們錯誤地認為飲食傷害了他們，但這是伴隨體重減輕
出現的預期改變，當患者的體重保持穩定幾個星期過後，所有數字都會趨於平
緩且看來更好。」

戴維斯醫師理解，在現代的社會中，要人們像我們的史前祖先那樣長時
間只偶爾吃幾餐，或許太不切實際。然而，我們的基因確實有能力處理定期
的斷食。

戴維斯醫師說：「在二〇一三年，幾乎沒有人必須告訴家人在接下來的
兩個星期沒有食物可吃。但我們的祖先或許得靠松鼠維生幾天。因此，我們
身上的基因能讓我們忍受一段時間的剝奪。」

間歇性斷食或許不是你的第一選擇，但如果高膽固醇讓你面臨危害，這
確實是值得考慮的選項之一。

10. 藉由降低空腹血糖和胰島素，逆轉胰島素阻抗

關於心臟病的討論，很少談到我們健康的最關鍵面向之一：胰島素阻抗。這是相當重要的代謝狀態，當細胞不再對胰島素適當地反應時，你有可能更容易罹患心臟病。馬爾科姆・肯德里克醫師認為，**空腹血糖濃度是「最重要的健康指數，它會告訴你關於你的健康需要知道的幾乎一切」**。

肯德里克醫師不是唯一這樣認為的人。拉凱什・帕特爾醫師經常使用非制式資料，「在需要時，用來決定最佳的治療程序。」他告訴我：「因此我不只看膽固醇數值，也會看其他所有數據。坦白說，根據我在控制胰島素阻抗和發炎情況下處理血脂升高的經驗，真正的問題變成我們究竟應不應該擔心膽固醇。遺憾的是，我們現在還沒有真正明確的答案。」

科學或許尚未做出結論，但有足夠的證據指出，控制胰島素阻抗是心臟和整體健康都不可或缺的部分。在第十七章，我們將更仔細看看你的初級診療醫師使用的膽固醇指南。它們是否奠基於堅實的科學？如果你已深刻領會先前讀過的一切，那麼你大概知道答案了。

澄 清 時 間

我希望更多人停止注意他們的膽固醇數值，開始注意自己吃進身體的是什麼。你永遠都可以操弄統計和數字，但終究只能歸結到一般常理。你好像覺得不錯？你吃的食物好像真的很自然？如果你的 LDL 在那種情況下升高，你有什麼好擔心的呢？你試圖證明什麼？你只是在有人問起你的數字多少時，想找些東西說說嗎？

——凱特・莎娜漢

膽固醇跟你想的不一樣

▶ 沒有心臟病的族群有健康的膽固醇濃度，且通常高於西方社會基準線。

▶ 膽固醇參考範圍，只不過是一般人口的平均數值。

▶ 減少膳食脂肪和膽固醇，並不會改善你的健康。

▶ 史塔汀類藥物對健康的改善相當微小，但風險卻很龐大。

▶ 檢驗你的腸道微生物群中，是否有提高膽固醇的微生物。

▶ 在飲食中加入基本的補充劑，就能改變膽固醇數值。

▶ 進行電腦斷層鈣化掃描或頸動脈內膜中層厚度檢驗，可判定你的冠狀動脈是否有斑塊存在。

▶ 定期的間歇性斷食或許能降低LDL粒子濃度。

▶ 為了真正改變你的心臟健康，請逆轉胰島素阻抗。

Part

02

破除低脂飲食迷思

Chapter 8

有益心臟健康的真正意義是什麼？

關於膽固醇最荒謬的事情之一：我可以保證，只要我給你高劑量的 ω-6 脂肪酸，就能降低你的 LDL 數值和總膽固醇數值。我能用跟有益心臟健康完全背道而馳的東西，降低你的這些數字。你的血膽固醇濃度會掉得飛快，將降低 13% 至 18%，而你的醫師會很高興看到你的進步。然而，你對身體所做的事，大概是有史以來你所做的最糟的事。

——大衛・葛拉斯彼

想想一句簡單的話：「有益心臟健康。」這句話對你的真正意義是什麼？我們大概全都同意「有益心臟健康」的行為：不抽菸、規律運動、保持血壓正常，以及維持健康的體重。但是，對於最好的飲食，我們能不能有共識呢？看見滿櫃子食物的包裝正面都標示「有益心臟健康」，然後一堆人瘋狂地大把抓這些食物，因為它們假設能讓我們的心臟跳久一點，但真的是這樣嗎？

當然，最後階段是不要發生心肌梗塞、心臟猝死、三根支架或繞道手術。在此，我們真正要談論的是，努力阻止、預防及避免冠心病和動脈粥狀硬化。我認為，我們必須先問問人們罹患冠狀動脈粥狀硬化的原因。問題是，原因不只一個，而是一長串超過三百多個。但是，我們其實不需要考慮全部的三百多個原因，因為它們彼此重疊的程度高得驚人。

——威廉・戴維斯

讓我們做個簡短的測試。看看你認為下列哪些食物「有益心臟健康」？

- 燕麥
- 烤過的堅果
- 蛋白
- 芥花油、玉米油、紅花籽油、花生油、麻油、大豆油和葵花籽油
- 防沾植物油噴霧（如 Pam；譯註：美國常見的噴霧油品牌）
- 脫脂乳酪
- 水果
- 脫脂牛奶或豆漿
- 豆類
- 人造奶油（I Can't Believe It's Not Butter、Benecol 或 Smart Balance；譯註：美國常見的人造奶油商品名稱）
- 全穀麵條
- 低脂優格
- 糙米
- 脫脂餅乾和薯片
- 雞胸肉和其他瘦肉
- 蔬菜
- 脫脂或低熱量沙拉醬
- 全穀麵包和穀片
- 果汁
- 豆腐

現在看另一串列表。你認為這些食物有任何一個「有益心臟健康」嗎？

- 培根
- 全蛋
- 奶油
- 鮭魚
- 豬油
- 椰子

- 酪梨
- 全脂酸奶油
- 全脂牛奶和乳酪
- 帶脂肪的牛肉或禽肉（如雞、鴨、鵝）
- 豬肉
- 椰子油、酪梨油和夏威夷堅果油
- 生的堅果
- 堅果醬，像是杏仁醬、榛果醬和夏威夷堅果醬
- 全脂奶油乳酪
- 黑巧克力
- 鮮奶油
- 魚油
- 綠葉、非澱粉類蔬菜
- 內臟

　　如果你跟大多數的美國人一樣，大概會認為第一份列表的食物「有益心臟健康」，而第二份列表中的所有東西都不是。猜猜看？答案正好相反。醫師、營養學家和健康大師幾十年來一直宣告，低脂和低膽固醇飲食對健康有驚人的益處，因此，如果你覺得我說的話太過誇張，我完全不會驚訝。但我要再次聲明，有越來越多的證據正反駁著我們多年來一直聽從的傳統觀念。

艾瑞克・魏斯特曼 醫師的證言

我們正走在所謂的典範轉移——也可稱為思想的根本改變——途中。過去曾有一段時間，多數人都認為太陽繞著地球轉動。事實上，如果你在白天看太陽移動，確實會覺得好像是太陽在繞著地球轉動，這樣的說法被稱為宇宙的「地心說」。經過許多天文學家仔細地觀察夜空，後來才理解還有其他星球，而且實際上是地球繞著太陽轉動，這樣的說法被稱為宇宙的「日心說」。

同樣的，當你看到動脈發生粥狀硬化的疾病時，裡面找得到脂肪，因此認為飲食中的脂肪會造成動脈裡的脂肪（心臟病的膳食脂肪假說），倒也合情合理。然而，我們現在可以更詳盡地檢查攜帶脂肪進入動脈的粒子：來自極低密度脂

蛋白（very-low-density lipoprotein，VLDL）膽固醇粒子的小型LDL粒子，而VLDL則是來自肝臟。那麼，肝臟的脂肪從何而來呢？來自飲食中的碳水化合物！因此，關於心臟病的典範轉移，正在從「膳食脂肪假說」轉換成「膳食碳水化合物假說」。

澄清時間

我在學校學的營養知識告訴我，膽固醇與飽和脂肪會造成心臟病，而我現在仍看到新進的註冊營養師學習相同的資訊。此外，我學到的心臟病治療方法是吃高穀類飲食，特別是低脂、低膽固醇，以及複合碳水化合物。意思是不吃奶油、不吃雞蛋，而且教人每天早上都吃穀片或燕麥當早餐。目標是盡可能將飲食中的膽固醇和脂肪排除。

——凱西·布約克

第一份列表的所有食物有一些共同點：它們不是低脂和低膽固醇，就是高碳水化合物。第二份列表的食物則是高脂肪，而且通常是低碳水化合物。如果你接受吃較多「油膩」食物會增加 LDL 和總膽固醇濃度，並且因此提高心臟病、心肌梗塞或中風的風險的理論，那麼你會從第一份列表選擇食物，這聽起來完全合乎邏輯，對吧？不過……

澄清時間

膽固醇相關資訊的其中一個問題是，這樣的想法已經成為一種慣性思維。你隨時都聽得到這種說法，電視廣告、甚至電視節目都在不斷地告訴你，吃雞蛋這類的高膽固醇食物對心臟健康會造成傷害，同時你看到很多品牌打著降膽固醇的名號在行銷。因此，整個文化逐漸充斥這樣的想法：膽固醇對你多少有害，你希望嘴裡和身體裡的膽固醇越少越好。許多飲食大師也把血中的高膽固醇濃度與攝取飽和脂肪連結在一起，於是這種想法更加難以抹滅。我們整個社會已經接受這種錯誤的想法，認為膽固醇與飽和脂肪會毒害身體。當然，動物源性食物含有高量的膽固醇與飽和脂肪，這就是為什麼素食被認為是健康的飲食。

——大衛·戴蒙

「有益心臟健康」是少吃脂肪和多吃碳水化合物的代碼

如果我們開始透過新的眼光——膽固醇不是心臟病的成因（這是本書的宗旨，再次提醒以防你不小心忘記）——看待「有益心臟健康」，那麼一直認為要吃第一份列表的低脂、高醣食物的想法，反倒成為嚴重的錯誤，甚至有害健康。

此外，我們也想到少有人在意卻攸關數百萬美元的問題：少吃脂肪和多吃碳水化合物，對於心臟健康的意外後果到底是什麼？我們將在下一章談論這個關鍵要點。但為了辯論道理，請你暫時先接受**減少脂肪和多吃「健康」的全穀類，實際上可能會提高心臟病的風險**。

澄清時間

我們在瑞典已成功地告知群眾（透過新聞和大眾醫學雜誌的故事），專家權威過去告訴我們的飲食建議很糟。今日，多數的瑞典人知道飽和脂肪不是壞東西，而真正的魔鬼是碳水化合物。事實上，超市裡的奶油時不時會銷售一空。

——烏弗・拉門斯可夫

我的建議是，絕對不要完全相信你從媒體看到有關醫學的任何說法。

——德懷特・倫德爾

不正確的「有益心臟健康」資訊已入侵大眾文化

在美國，低脂、高醣訊息已經根深柢固，這在我們的文化裡幾乎隨處可見，就連電視的情境喜劇也不放過。

我和太太克莉絲汀很喜歡看電視喜劇，好好地放鬆一下。不過，連喜劇情節都在為「有益心臟健康」的宣傳推波助瀾！

　　拿 CBS 頻道先前停播的《約會規則》（*Rules of engagement*）來說。有一幕是已經結婚的奧黛莉（Audrey）和傑夫（Jeff）正坐在他們喜愛的餐廳。傑夫想點培根、雞蛋，還有塗上奶油的吐司，但是當服務生走過來時，奧黛莉——回應醫師對傑夫的「高膽固醇」診斷——幫老公點了「比較健康」的蛋白、沒有奶油的吐司，以及火雞肉培根。

澄清時間

毫無疑問，膽固醇與飽和脂肪是反膽固醇戰役中一心想對抗的連體嬰，它們緊緊相連且永遠邪惡，不過近期幾個重大的研究證明，飽和脂肪跟心臟病一點關係都沒有。

——喬尼・鮑登

　　另一個例子也是在 CBS 頻道播出，在情境喜劇《邁克和茉莉》（*Mike and Molly*）中，每當這對過重夫妻試圖減重和恢復健康時，永遠都是在減少食物的分量和熱量，他們最後吃的是自己很討厭的東西，而且通常讓他們痛苦不堪。

　　事實上，深夜節目主持人大衛・賴特曼（David Letterman）——他最出名的事蹟有總膽固醇濃度高達 680，在二○○○年時緊急進行五次心臟繞道手術——在著名節目《十大名單》（*Top Ten*）也插上一腳：「你看太多電視的十大徵象」（Top Ten Signs You're Watching Too Much Television）。賴特曼大聲宣布，第九名是：「半夜你躺在床上，擔心邁克和茉莉的膽固醇，擔心到睡不著。」

　　說到賴特曼，他在二○一二年共和黨全國代表大會期間，毫不留情地砲轟紐澤西州長克里斯・克里斯蒂（Chris Christie）。有一段影片是他開玩笑地說，有個「克里斯・克里斯蒂膽固醇鐘」（Chris Christie Cholesterol Clock）專門標記肥胖州長的膽固醇濃度上升。

　　只見賴特曼故作驚呼地說：「唉呀！如果繼續保持下去，應該會在十月超越國債。」

　　像這樣的劇情和笑話，使得「吃脂肪會讓你變胖、膽固醇升高，而且走上罹患心臟病的不歸路」的錯誤想法，永遠無法抹滅。

澄清時間

飽和脂肪是天然的脂肪，身體偏好它們做為能量的來源。

——傑佛瑞・格伯

有沒有人問過大衛・賴特曼，為什麼他雖然不胖，但總膽固醇卻高達680呢？如果導致高膽固醇和心臟病，或需要緊急進行冠狀動脈繞道手術的不是肥胖，那麼造成這些結果的會是什麼？當然，故事的內容遠超過我們所知，而且並不單純。

我們將在第九章探討低脂資訊的失敗，以及為什麼高脂、低醣的營養方法可能比你想的更有益心臟健康。

你沒看錯，**高脂飲食有益心臟健康！**讓我們繼續看下去。

澄清時間

過去人們曾試圖改變生活型態，但全都失敗了，因為他們採用的是醫學專家長久以來吹捧的方法。專家說，你需要吃低脂、高醣的食物，並且增加運動。這句話暗指的是，如果你不去做這些事，就是個愚蠢、懶惰或不負責任的人。

我們需要拋開那樣的想法。每個人都想為自己的健康做些什麼，但那些缺乏成果又不可能發生好變化的傳統方法，讓他們沮喪萬分。當人們因為這些事感到挫折時，會反求諸己，認為「一定是我自己的原因，我有問題，我是個失敗者」。

然而實際上，低脂、低卡計畫失敗的原因是，這種作法會引發過度飢餓，並且破壞新陳代謝。因此，這些人很容易失敗，而且表現出這些嚴重的疾病。

最後，當人們意識到自己毫無希望且越來越糟時，會尋求其他的方法。這就是能向他們敞開大門的時刻，我們發現，這時患者會願意接受對他們有用的低醣生活型態改變。

我們監測他們，對他們負責，並且告訴他們成功所需的細節，正因為如此，我們已經獲得了90％的正向結果。

——菲利普・布萊爾

艾瑞克・魏斯特曼 醫師的證言

不要注意食物上關於「有益心臟健康」的標示，而且我們一直教導人們要吃完全沒有這種標示的食物。

膽固醇跟你想的不一樣

▶ 有益心臟健康的飲食療法，被假定為低脂、高醣飲食。

▶ 減少脂肪並多吃全穀類，或許無法保護你的心臟。

▶ 就連大眾文化都在一直傳播誤導的低脂、低膽固醇資訊。

▶ 脂肪不會讓你變胖，也不能把心臟病怪在它的頭上。

Chapter 9

為什麼低脂不是一切？

澄清時間

大多數醫師不太懂營養方面的事。就營養諮詢這點，我的許多患者都希望能轉介到營養學家或註冊營養師那裡，但除非你有糖尿病，否則保險公司不願意給付。另外，多數註冊營養師給的是高醣、低脂飲食的標準建議。這完全跟多數患者的需要背道而馳，所以惡性循環就此產生。

——拉凱什·帕特爾

艾瑞克·魏斯特曼 醫師的證言

我在某次的家庭聚會中一直保持警醒，仔細聆聽某位親戚的親身經驗。他的太太是護士，出於好意地向他提到，無論是否有心臟病的危險因子，公司主管都很常接受跑步機運動測試，以判定是否有任何潛在的心臟病（冠狀動脈阻塞）。因此，他決定去做跑步機運動測試，得到的結果是「陽性」，意思是結果指出（但沒有證實）他可能有心臟病。然後，他接受心導管檢查，發現他完全沒有冠狀動脈阻塞，原來他得到的是「假陽性」。這樣的情況偶爾會發生，因此只能做為心臟病篩檢程序的一部分，這點我並不以為意。真正惹惱我的是，醫院的營養師建議他「一定要把飲食改成低脂來預防心臟病」。但是，他沒有心臟病啊！我告訴他完全不需要改變，活了五十幾年，他根本沒有冠狀動脈疾病的跡象。

多年來，美國的營養師和醫師不斷提倡全體適用的低脂飲食，相信它能夠解決一切，甚至還能解決根本不存在的問題！

　　或許你聽了會大受打擊，但絕大多數的醫師（可能包括你的家庭醫師）若是在醫學教育中受過一、兩週以上的營養學訓練，已經算是相當幸運了。二〇〇七年，當我開始在播客中訪問知名醫師時，很震驚地發現，營養學在傳統醫學教育中的角色竟如此低微。然而，醫師卻是建議我們怎麼吃最健康的人，無論方法是不是減少脂肪攝取、多吃穀類，或減少熱量，那就像是水電工告訴你該如何修理除草機一樣。

澄清時間

大多數醫師不太清楚營養對於改善健康的可能影響，而且開業醫師沒有時間一直緊盯著科學文獻。

——烏弗‧拉門斯可夫

醫師對於營養學的知識少得令人難以想像，許多患者可能因為體重減輕而受益，但多數醫師沒有資源、興趣或時間可以有效地建議這些患者。跟藥物相比，營養的戰力很弱，而且說服患者改變飲食習慣也需要一番努力。關卡就在這裡，因為花了更多力氣，成效卻不如開藥降低 40 ％的 LDL 更令患者滿意。

——羅納德‧克勞斯

　　那麼，我們究竟是從哪兒學到脂肪不只會造成心臟病，而且還是讓身體出現許多病痛的大魔王呢？我在第一章提示過答案，在此再次簡單說明：一九五〇年代，健康營養科學家安塞爾‧基斯開始研究為什麼美國商人的心臟病發生率很高，他推測可能跟高膽固醇有某種關聯。由此發展出他著名的「七國研究」，結果斷定飲食中動物脂肪較少的國家，心臟病發生率也比較低；而飲食中動物脂肪較多的國家，心臟病發生率比較高。結果似乎相當清楚明確，然而，這卻是一個完全造假的研究。

澄清時間

傳統的主流醫學觀點認為，心臟病、動脈粥狀硬化和斑塊都是由膽固醇造成，從安塞爾‧基斯的年代開始，這就一直是膽固醇科學的主題。即

使在那之前，也有脂質假說，宣稱飲食中的飽和脂肪會提高膽固醇，導致心臟疾病。這是個相當老派的想法，我已經從那一派畢業，不再認同那樣的想法。我傾向根據發炎理論和氧化壓力來思考膽固醇和心臟病，造成斑塊的，顯然是作用在膽固醇和脂蛋白分子的這些力。

——傑佛瑞・格伯

　　雖然基斯的研究資料總共包含二十二個國家，其中包括國人多吃脂肪而少有心臟病的國家，以及少吃脂肪而心臟病很多的國家，但他的結論並不包含這些統計。因為這些國家完全不符合他有關飽和脂肪的理論：膽固醇濃度升高會導致心臟病。美國心臟協會根據安塞爾・基斯的研究，在一九五六年正式宣布，過去視為健康的真正食物（像是奶、豬油、雞蛋和牛肉），現在突然對你有害；低脂飲食運動從那時起隆重登場，現今仍然是心臟健康方面的流行學派。我敢打賭，未來世代將回顧這個年代，認為這是營養學史上真正的黑暗時期。

澄清時間

因為安塞爾・基斯的研究和「麥戈文委員會」（McGovern Commission）的推波助瀾，低脂取向從此變成官方政策。基斯發表他的「七國研究」，有趣的是，他還親自宣傳飽和脂肪和膽固醇與心臟病之間的關係。然而，在他論文的第二六二頁，有句值得玩味的引言：「冠心病的發病率跟飲食中來自蔗糖的碳水化合物平均百分比有顯著相關，這點可由蔗糖與飽和脂肪的交互相關加以解釋。」基斯知道，糖與心臟病的相關幾乎跟脂肪一樣高，但在研究中卻完全沒有提到這一點。

——德懷特・倫德爾

歷經低脂飲食風潮的黑暗時期

　　基斯的研究，對於消費者的選擇造成深遠的連漪效應（譯註：指一個事物造成的影響漸漸擴散）。低脂和脫脂產品開始在市場上蜂擁而出，我的母

親幾乎終其一生都在跟過重拚搏；時間回到一九八〇年代，當時我還是個孩子，那時的她幾乎餐餐都吃低脂飲食。在雷根時代，米餅以及脫脂冰淇淋和餅乾開始充斥在超市的陳列架上，至今它們仍占滿這些貨架。

澄清時間

龐大的低脂食品工業藉由除去食物裡的脂肪，並且使用糖和碳水化合物來替代，在世界各地賺取無數的金錢。因此我認為，關於膽固醇的資訊至今仍然存在，實際上全都是因為跟金錢有關。

——馬爾科姆・肯德里克

吃飽和脂肪會增加膽固醇，並使你更有可能發生心肌梗塞或罹患心臟病的想法，已經造成至少兩大賺錢機器的成長：「大製藥廠」（Big Pharma）和「大食品工業」（Big Food）。走進任何一家超市，找找主張健康的食物標籤，你很可能在蘑菇袋子上找到「天然脫脂」或在穀片盒子上看到「降低膽固醇」。

使用這些詞彙的明顯行銷意圖是什麼？沒錯，就是披著它們對你「很好」的偽裝，讓你願意吃這些食物，不要在意它們大多經過過度加工，而且充滿大量的糖、精緻穀類和防腐劑。但是，你從中得到的健康益處，遠不及它們促成慢性疾病的程度。

澄清時間

我認為，有越來越多人開始接受低醣資訊。在我參加的會議中，可以發現飲食中的醣類角色越來越受到重視。請不要誤會，還是有很多相當不好的訊息四處流傳。流行趨勢的確朝向限制碳水化合物，但這些潮流有時可能要經過十五到二十年才能真正落實。直到那時，營養學界才會願意認同。

——湯瑪士・戴斯賓

這些包裝好的低脂食物有什麼見不得人的小祕密嗎？去除脂肪時，用來替代它的東西其實對你更糟，因為那個東西絕大多數是糖。當然，你知道糖

分對你不好，因為它會導致各式各樣的健康問題，包括肥胖、糖尿病、阿茲海默症、癌症和心臟病。然而，多虧了所謂的健康專家過度強調除去飲食中的脂肪，因此多年來糖一直都暢行無阻。**事實上，糖對健康的傷害遠遠超過脂肪。**如此長久地忽略糖不好的一面，造成醫學和營養學專家無意間讓人們更容易罹患心臟病——因為不願更仔細地檢視有關膳食脂肪（特別是飽和脂肪）的毀謗。

澄清時間

我估計，人們在未來十年將變成完全接受反糖資訊，因為他們已經相信這一點。不過，對於飽和脂肪不會致命的想法，可能還要經過幾十年才能改變。

——蓋瑞・陶布斯

我們恐懼膽固醇和脂肪的原因，涉及降膽固醇藥物，以及美國現在種植的作物，有 50 % 是玉米或黃豆，很容易就能加工成低脂產品。

——凱特・莎娜漢

　　如果我告訴你，有個研究發現低脂飲食對心血管健康毫無益處，你會怎麼說呢？

　　是的，我剛好有個例子：一項耗資四億一千五百萬美元的研究，對四萬八千八百三十五名女性測量低脂飲食的影響長達八年，其結果發表在二〇〇六年二月七日出刊的《美國醫學會期刊》。研究者的結論是：低脂飲食對於心臟病的風險沒有益處，連一點點都沒有！

　　然而，儘管出現如此壓倒性的證據，低脂飲食的謊言還是沒有被立刻拆穿。就像其他許多研究一樣，這個研究實際上一直被營養學界和醫學界忽略。

澄清時間

減少攝取碳水化合物並增加健康的脂肪，光是這樣就能降低你的三酸甘油脂濃度，並且提高 HDL 膽固醇。

事實上，多吃飽和脂肪是提高 HDL 的最佳方式，這句話大概讓很多人

感到震驚。從來沒有人認為這是真的。然而，真相是飽和脂肪一直被妖魔化。

——凱西·布約克

　　現在，是低脂飲食的倡導者（醫師、營養學家、藥廠、食品企業集團）承認自己錯誤的時候了。

　　事實上，他們錯誤的建議和資訊，已經嚴重地損害人們的健康。或許他們也跟別人一樣被誤導，但肯承認就是件好事。我們現在已經知道真相，就讓我們來提出問題、澄清是非，並且推動改變。如果拒絕這麼做，完全是不負責任的，人們終究有聽到真相的權利。

澄清時間

人們因為自己的心臟科醫師、初級診療醫師、營養師和營養學家全都教導錯誤的飲食，所以對飲食有用的想法感到厭煩及失望。他們遵照那樣的飲食，然後變胖五公斤、血糖升高，連膽固醇都略微上升。就算患者完全照著做，營養師或醫師還是說他們沒有遵照計畫。人們越來越高度懷疑，飲食是否有真正名副其實的優點，這樣的懷疑使他們開始說些可笑的話，像是「一切都要有所節制」。然而，正確飲食的威力無窮，它跟你從營養師那兒聽到的大不相同。

——威廉·戴維斯

　　如果你很好奇，我們為何能把如此重大的問題搞錯這麼久？你並不孤單。這是我希望寫這本書的主要原因之一：跟你分享可救命的健康訊息。在發現健康專家可能犯錯，而且他們提供的資訊出現漏洞之後，讓我極度地渴望真相，好讓我能重新掌控自己的健康。越來越多人每天都這麼做，如果你正在閱讀本書，那就表示你要不是充分了解，就是在確信後願意加入我們。無論是哪一種，你都要大力地讚賞自己能獨立思考。太多人完全不做多想地隨意過人生，期待他人能告訴他們如何健康生活。那是用簡單的方法應付了事，也正是導致我們深深陷入健康衰退窘境的重大原因。

　　我很清楚，這些全新的資訊一定讓許多人備感壓力，因為它們反駁了多

數人從小堅信不疑的事。只要將之拆解,吸收你能接受的部分就好。改變所有你曾堅定相信有關膽固醇、飲食和健康的真相,並不是件容易的事,特別當資訊是如此無孔不入,我們將在下一章展示這點。

膽固醇跟你想的不一樣

▶ 大多數醫師在營養方面受到的教育和訓練微乎其微。

▶ 安塞爾・基斯要為我們在一九五〇年代陷入難以自拔的低脂窘境負起責任。

▶ 基斯的「七國研究」有瑕疵,因為他忽略了相關資料。

▶ 藥物和食品工業直到今日仍然從這些謬誤中獲利。

▶ 去除食品中的脂肪時,通常是用糖來代替。

▶ 一項重要的研究發現,低脂飲食對於心臟健康沒有正面影響。

▶ 有益健康的低脂飲食建議應該受到質疑。

Chapter 10

碳水化合物與植物油：惡棍雙兄弟

如果你的生活型態是藉由飲食中減少攝取碳水化合物，吃潔淨、完整、未加工食物的原始人飲食，並且服用保健食品加以補足，盡其所能地降低發炎和氧化壓力，你罹患心臟病或斑塊的風險是如何呢？應該會降低。換句話說，那些脂蛋白分子會變得對傷害較不敏感。在這樣的狀態下，你的膽固醇數值是多少，幾乎不太重要了，你完全不必擔心。

——傑佛瑞·格伯

我對我的個案說，不必太過強調膽固醇數的數值，而是把重點放在少吃反式脂肪、碳水化合物為主的加工精緻食物、穀類和糖分，同時增加健康的脂肪。這句話本身，對於許多人是全新的概念。

——凱西·布約克

我們先回顧一下，截至目前為止學到了些什麼。

- 飲食中的膽固醇和脂肪，是健康和活力的必要來源，不應該恐懼它們。慢性發炎——部分原因是吃糖、升血糖碳水化合物（如全穀類）和加工食物——才是心臟病的真正凶手。

- 史塔汀類藥物或許能降低血中的膽固醇濃度，但它們沒有顯著減少心肌梗塞或心臟病的發病率，此外，還可能造成有害的副作用。

- 最後，低脂飲食是某種營養萬靈丹的過時概念，已被完全顛覆。越來越多的證據顯示，這樣的飲食不但無益心臟健康，反倒會增加血管中

的發炎狀況（這點相當有助於解釋美國和世界各地的心臟病發生率為什麼升高）。

當然，這方面的故事還有許多可說。

事實上，緊接而來的爆炸性真相或許最教人難以置信，卻可說是思想需要發生典範轉移的最重要部分。

澄清時間

如果你從高醣、低脂的飲食，改成脂肪較高、醣類較少的飲食，那麼你的主要能量來源會變成脂肪。許多患者來找我時，他們幾乎99%是燃燒糖分，因為碳水化合物是他們的主要食物來源，而他們的身體是用醣類做為燃料。

當你處於那樣的狀態時，你就無法取用脂肪庫存──事實上，你正在把更多的脂肪送去貯存。這就是必須讓人脫離燃燒糖分的重要原因，而且我們現在能證明這一點。希望藉由這樣的證據，我們可以更進一步增強這個訊息。

──馬爾科姆・肯德里克

▌碳水化合物對健康的影響比你以為的還要大

對我而言，碳水化合物（carbohydrate）是相當恐怖的「c」開頭字，我把它指稱為同樣c開頭的汽車垃圾（carbage；譯註：car 和 garbage 結合的字，意指汽車裡堆放的雜亂無章物品）。

了解碳水化合物──特別是精緻的白麵粉和糖──如何嚴重地影響心臟，對你的整體健康是絕對有必要的。我在另一本書《生酮治病飲食全書》更深入地討論這個議題，檢視絕大部分慢性疾病跟飲食中過度攝取碳水化合物和缺乏健康的脂肪有何關聯。

在此同時，我也關注碳水化合物為主的食物如何影響你的新陳代謝，由此提高罹患心臟病的風險，並且說明這類食物如何徹底且負面地影響你的膽固醇濃度──但卻不一定會反映在 LDL 和總膽固醇數值上。

澄清時間

進行高醣飲食——多數大眾採行的方式——的時候，高 LDL 膽固醇濃度通常表示代謝症候群和甲狀腺機能低下。

——保羅・傑敏涅

攝取大量的碳水化合物，也就是全穀類和精緻穀類、糖分（來自水果之類的自然食物也算）以及澱粉食物，會在你的身體裡觸發危險的連鎖反應。

你吃進的醣類由葡萄糖、果糖或兩者結合而組成，它們接著會提高三酸甘油脂的濃度。然後反過來增加小而密的脂蛋白數量，造成你的動脈損傷（之後傷害更大）。

你該如何避免呢？其實相當簡單：限制碳水化合物的攝取。這是可以立即徹底改善心臟健康的簡單解決之道。

澄清時間

我的整體理念是，盡可能為患者量身訂做治療方法。但是，對於多數想減重的人，我的一般建議是限制碳水化合物的攝取量，特別是糖分和加工穀類。

——羅納德・克勞斯

攝取過量的碳水化合物，比吃飽和脂肪更容易讓人變胖。主流健康專家不會告訴我們這個真相，因此多數的美國人以及世界各地的許多人一直偏愛醣類，遠超過其他任何食物。

雖然超市的陳列架上滿是低脂和脫脂的食物，但醣類確實是肥胖流行病的重大原因。然而幾十年來，我們卻習慣把害我們變胖和生病的罪名，冠在飽和脂肪的頭上。殘酷的真相是：**當你在飲食中攝取健康的脂肪——植物和動物中原有的天然脂肪——並且大量減少碳水化合物時，你的身體健康狀態最佳。**

澄清時間

每個研究高脂飲食造成內皮細胞功能異常的實驗，都是在兩片麵包或含

糖奶昔之間餵實驗動物一片豬油。如果你想做高脂實驗,請試著只用脂肪進行!然而,每個實驗都是配合極大量的碳水化合物而完成的。

——德懷特・倫德爾

　　高脂飲食的研究,幾乎永遠都跟高醣飲食聯合進行。我們現在漸漸了解,高脂混合高醣的食物才是真正的災難,這會導致快速且幾乎難以避免的健康衰退。

　　談到心臟病時,許多研究者和健康專家往往犯了將矛頭對準脂肪的錯誤。但如果證據逐漸開始顯示,就算不是全部,碳水化合物還是要為傷害負最大的責任,又怎麼說呢?不幸的是,問題還不只有醣類:要是聽到另一個無所不在的「健康」建議會直接促成心臟病,你應該會大吃一驚。

█向植物油說再見

澄清時間

多數的植物油根本不是出自植物,而是來自於廢棄品(如棉籽)或專供食品工業使用的種籽,如菜籽、米糠之類的東西。加工食物中標示的植物油絕大多數是這些種籽油。

——大衛・葛拉斯彼

　　警告我們注意高膽固醇與飽和脂肪,並且告訴我們在飲食中加入「健康」全穀類的同一批健康專家和組織,向來也積極推廣植物油和種籽油:玉米油、花生油、麻油、紅花油、葵花籽油和菜籽油等。你也知道,它們大概被標榜為有益心臟健康,富含 ω-6、多元不飽和脂肪酸。但是請別搞錯:它們是你吃進身體裡的食物中,最危險的物質之一。

澄清時間

當我坦白說豬油和奶油比菜籽油對你更好時,許多人都認為我瘋了。

——凱西・布約克

　　試試這個實驗：到當地的超市沿著各陳列架走走，隨機拿起任何一個包裝食品。我敢向你保證，在一長串的成分當中，你會找到我剛剛列出的其中一種油。什麼東西裡都有它們：沙拉醬、義大利麵醬、甜甜圈、燕麥棒、全穀麵包、美奶滋和脆餅。食物加工品似乎不可能少了它們。

澄清時間

探討「雪梨飲食心臟健康研究」（Sydney Diet Heart Study）資料的研究再次證明我們知道的事：多元不飽和脂肪酸（尤其是富含 ω-6 脂肪酸的那些）極不健康。

然而，世界各地都有製造這些油品的廠商。在英國，「英國心臟基金會」（British Heart Foundation）最近跟製造合成人造奶油（商品名為 Flora）的公司聯手，向消費者宣傳 Flora 是世界上最健康的食物。這種人造奶油滿滿都是 ω-6 脂肪酸。不過，這件事對他們似乎完全沒有影響，令人更驚訝的是，他們就是能這樣繼續下去。然而，證據就擺在眼前，強烈地證實這些脂肪酸是不同的物質。

我們身體天生應該吃的是飽和脂肪。如果你吃太多的糖，身體合成的脂肪就是飽和脂肪。如果飽和脂肪對你不好，身體為什麼要製造不健康的物質呢？難不成是瘋了嗎？

——馬爾科姆・肯德里克

　　使用「雪梨飲食心臟健康研究」的統計資料進行的統合分析，其結果發表在二〇一三年二月出刊的《英國醫學期刊》，給了多元不飽和脂肪酸的擁護者重重一擊。統計根據的是一九六六到一九七三年進行的隨機、控制試驗，受試者（四百五十八位三十到五十九歲的男性）近期全都遭受冠狀動脈問題。研究者試圖「評估用 ω-6 亞麻油酸代替膳食飽和脂肪，對於冠心病和死亡的次級預防是否有效」，研究者把受試者分成兩組：對照組繼續吃富含飽和脂肪的飲食，實驗組的飲食改成多吃紅花油為主的食物。這個新的統合分析到底揭露出什麼？

　　雖然不出所料地看到攝取更多紅花油的那組，LDL 和總膽固醇濃度大幅降低，但這些油不一定能保護他們免於心臟病致死的風險。事實上，他們的

風險甚至高過對照組。分析推論，從飽和脂肪換成 ω-6 植物油得到的所謂好處，實際上是置你於更高的心肌梗塞風險！沒錯，美國心臟協會猛烈向你推銷「有益心臟健康」的脂肪來源，實際上卻正在造成它們應該預防的那件事。這是什麼樣的局面？

澄清時間

多數家庭烹調使用的油（如植物油）都充滿了 ω-6 脂肪酸，這些油已經導致更多的心臟病。這些脂肪酸透過氧化而直接影響你的膽固醇，造成心血管受損。如果你加熱並食用大豆油或菜籽油之類的脂肪，它們最終會出現在做過繞道手術的動脈上。只要人們停止吃那種脂肪，應該就不會得到心臟病。

——弗萊德・庫默勒

吃有機的食物，並且避免加工食品、植物油和糖。

——斯蒂芬妮・塞內夫

專家指示我們吃富含 ω-6 的植物油和種籽油，並且捨棄真正的食物飽和脂肪，像是奶油、椰子油和動物脂肪。我們大多乖乖遵守，結果卻是嚴重危害自己的健康。然而，這還不是整個故事中最糟的部分。這個可惡的新科學被發表、植物油的健康光環被摘除而變得不那麼健康後，美國心臟協會的新聞稿如何回應呢？美國心臟協會是否改變了他們對飽和脂肪的態度，或不再強力推廣多元不飽和脂肪呢？完全沒有！

美國心臟協會反而更堅定自己的立場，聲明有「強大的科學研究證明，飲食中的高飽和脂肪與罹患動脈粥狀硬化有強烈相關，會阻塞動脈並造成心臟病」。美國心臟協會的發言人繼續重複他們的建議，限制飽和脂肪的攝取量不要超過總熱量的 7％。此外，他們持續推廣 ω-6 脂肪酸，像是葵花籽油、紅花油、麻油和亞麻仁油。

換句話說，就算心臟病發生率持續增加，美國心臟協會還是緊緊摀住耳朵，嘴裡哼著「啦啦啦，我聽不到、我聽不到」，完全忽略支持相反立場的真實科學資料。

澄清時間

膽固醇和脂肪不會阻塞我們的動脈。高脂食物在消化後會被包進粒子，
這些粒子能在血液中攜帶脂肪，不會將之堵塞起來，但如果這些粒子本
身沒有適當結構，就很難說了。當我們的飲食中充滿玉米油和大豆油，
或其他常見的工業植物油時，脂蛋白粒子就沒有足夠的抗氧化劑。少了
抗氧化劑，脂蛋白很容易變得不穩定。當這些含脂粒子不穩定時，被它
們載著在血流中穿梭的脂肪，突然間失去保護，無法在血流中保持懸浮，
因此啪嗒一聲黏上動脈內層，就好像漆彈一樣。你看，一系列的複雜反
應導致發炎，最終削弱動脈管壁，使得動脈出血，形成我們稱為心肌梗
塞或中風的血栓。

在人們吃得不健康時，LDL 濃度容易升高的原因，跟這一整個事件有關。
脂蛋白變得不穩定，而且該讓脂蛋白裡的脂肪被送到細胞的酵素沒有發
揮作用。因此，在任何時刻，血液中懸浮的 LDL 粒子（也稱為含 ApoB
粒子）數量似乎一直增加。

——凱特・莎娜漢

大衛・葛拉斯彼對植物油發出警告

　　試圖揭穿植物油詐術的世界知名健康領袖之一，來自澳洲的布里斯本。
他是本書的另一位專家大衛・葛拉斯彼，他在二〇一三年寫了《有毒的油》，
書裡主張盡其所能地快速遠離（而不是慢慢脫離）這些危險又不健康的種籽
油。當我為這本書訪問葛拉斯彼時，明顯感到他對肆無忌憚地行銷 ω-6 脂肪
酸有多沮喪。

　　雖然真正提升健康的 ω-3 脂肪酸——野生魚類、在地生產的雞蛋和草飼
肉類中的脂肪——現在越來越受到重視，但相較於 ω-6 脂肪酸，還是被嚴重
地輕忽了。

　　葛拉斯彼提到：「種籽油的問題在於，它們含有非常、非常高的多元不
飽和脂肪酸。我們已經知道這些 ω-6 脂肪酸對我們很好，它們確實不錯，但
只有在非常少量的時候。」

簡單地說，我們已經失去平衡：我們吃太多的 ω-6 脂肪酸，而更有益的 ω-3 脂肪酸卻吃得太少——亞麻仁、胡桃、鮭魚、沙丁魚和草飼牛肉等食物裡通常都有。

理想上，ω-6 和 ω-3 脂肪酸的最佳比例應該是一比一，而不好的情況是三比一。但現實中，世界各地的多數比例更接近三十比一。然而，這點可歸咎在現今超市架上絕大部分的包裝食品都使用植物油。

葛拉斯彼告訴我：「人類開始吃穀類以前，所攝取的 ω-6 和 ω-3 脂肪酸比例大概是一比一。自從一萬年前穀類躋身於食物供應之後，我們的飲食中增加了許多 ω-6 脂肪酸，把比例推向了二比一。沒有人確切知道，但推測從十九世紀中期至今，比例已經變成差不多十五比一，而在某些偏好 ω-6 的地方，更是高達三十比一。引進非常、非常便宜的人造種籽油，是我們現在攝取超過身體能應付的更多 ω-6 脂肪酸的原因。」

葛拉斯彼補充說，大量攝取 ω-6 脂肪酸——現在世界上多數人口攝取的熱量，有超過 15 % 是 ω-6 脂肪酸——是一個「危險且未知的領域」。而且很有可能導致發炎，這是我們在第二章談過的問題。

葛拉斯彼說：**「身體裡的促發炎機制由 ω-6 脂肪酸驅動，而平息發炎的則是 ω-3 脂肪酸。我們因為攝取過量的 ω-6 脂肪酸，將自己的系統推向促發炎的狀態，這就是為什麼現在攝取 ω-6 與自體免疫疾病、過敏反應和類風濕性關節炎有關。」**

包括大衛・葛拉斯彼在內，沒有人否認你的 LDL 和總膽固醇濃度會因為攝取這些植物油而降低。但我們身體付出的代價是什麼？誠如葛拉斯彼指出的重點：「如果你正在提高膽固醇氧化的機會，那麼降低在你體內循環的膽固醇總量，並不是一件好事。」

最終導致心肌梗塞和心血管疾病的是氧化的 LDL 膽固醇。細胞中的氧化，類似金屬漸漸生鏽的情況。ω-6 脂肪酸以相同的方式毀壞我們的細胞，使細胞變得極其脆弱。

此時，你因為使用能降低膽固醇的油而認為自己很健康，但實際上，你的身體同時變得越來越容易產生動脈粥狀硬化，也就是更容易罹患心臟病或心肌梗塞。然而，少有健康「專家」談論這些。

葛拉斯彼解釋說：「當我們攝取這些 ω-6 脂肪酸時，就是在把自己設定

成製造高比例的氧化 LDL。我們現在可以測量氧化 LDL 濃度，在過去五到十年越來越清楚的是，氧化 LDL 的濃度與心臟病的風險之間有非常、非常高的相關性。」

雖然動物源性食物裡的脂肪，通常被抹上「阻塞動脈」的污名，但真相是，這些自然脂肪不會變得氧化，反而會保護身體免於出現其他形式的氧化。葛拉斯彼說：「有個理由可以說明動物脂肪為什麼不會氧化：因為它們必須在富含高氧的環境中運輸。為了保險起見，我們的肝臟用抗氧化劑（如 CoQ10 和維生素 E）打包這些 LDL 粒子，這些抗氧化劑的作用像是小小滅火器，可以滅掉氧化的『火』。」

葛拉斯彼補充說：「知道你個人的氧化 LDL 濃度，比任何其他的血液檢驗測量，更能有效地預測心臟病。」你的膽固醇數值可預測心臟病的機率大約有 49％，但氧化 LDL 數值的預測能力高達 82％。這就是為什麼葛拉斯彼認為，在應該瞄準 LDL 為何氧化的時候，我們卻完全放錯重點──只顧著降低 LDL。

葛拉斯彼告訴我：「當你探究心臟病如何發生時，就會發現氧化 LDL 濃度是心臟病的強力指標，是很有道理的。我們越來越清楚，氧化 LDL 是非常糟的東西。然而，我們更清楚的是，確保你有大量氧化 LDL 的方法，是用容易氧化的 ω-6 脂肪酸來裝滿你的 LDL。」

我們將在第十三討論 LDL 膽固醇相關的各種粒子（是的，LDL 不只一種），不過小而緊密的 LDL 粒子對你的整體心臟健康特別有害，因為它們可以自己嵌進你的動脈管壁，帶你走向罹患心臟病一途。葛拉斯彼說：「請你的醫師做檢驗，測量你的氧化 LDL。我不知道能在哪裡做這項檢驗，但它確實存在，而且你的醫師應該能開這個處方。」

澄清時間

在美國檢驗氧化 LDL 沒有那麼容易，或許是因為它沒有藥物可以降低。因此，我們的醫療保健體制得不到什麼好處──除了改善人們的健康。而且，製藥公司也無法得利，因為降低氧化 LDL 的最佳方法是減少糖分攝取、減輕壓力、運動和停止抽菸。

──大衛・戴蒙

如果你很難測量氧化 LDL，我會在第十三章詳細說明還有哪些 LDL 粒子的血液檢驗可做。但在你做任何檢驗以前，請先了解有些事現在就可以改善你的整體健康：把飲食中的蔬菜油、穀類、糖和其他碳水化合物嫌犯，替換成新鮮、沒有加工的真正食物，以及天然、真正來自食物的飽和脂肪。這個行動，將能帶你走上未曾想過的健康之路。

艾瑞克・魏斯特曼 醫師的證言

我教育患者所使用的影片之一出自紀錄片《胖頭》。裡面有句台詞是這麼說的：「如果你能把整個人類歷史濃縮成一年，那我們是從昨天才開始吃穀類，而開始吃植物油的時間，不過是在一個小時前──從那一刻起，心臟病發生率開始增加。」

膽固醇跟你想的不一樣

▶ 碳水化合物會提高三酸甘油脂、VLDL和小型LDL粒子。

▶ 來自穀類、糖和澱粉的碳水化合物，最容易讓人變胖。

▶ 探討高脂飲食的研究中，往往也包含大量的碳水化合物。

▶ 富含ω-6的植物油被宣傳為有益健康，卻是你能吃到的最有害的脂肪。

▶ 今日絕大部分的包裝食品中都找得到植物油。

▶ 我們攝取的ω-6和ω-3脂肪酸比例超過三十比一，但理想上應該是一比一。

▶ 大量攝取ω-6脂肪酸會氧化LDL粒子，導致心臟健康問題。

▶ 測量氧化LDL粒子，比膽固醇篩檢更重要。

▶ 為了健康，請改吃真正來自食物、帶有自然脂肪的低醣飲食。

Chapter 11

膽固醇濃度升高的九個理由

澄清時間

害怕 LDL 或總膽固醇高，是一種沒來由的恐懼。我們的祖父母和曾祖父母做的一切似乎都是對的！他們的飲食中有很多奶油、肉類、乳酪和蛋，這是他們保持健康的方法。一百年前的肥胖率只有一百五十分之一。現在，我們從飲食中削減這些東西，並且用碳水化合物、多元不飽和脂肪酸和反式脂肪來代替，結果過重或肥胖的人口反倒占了三分之二。這真是一種難以置信的流行病。

——唐納德・米勒

關於膽固醇的議題，人們傾向於分成兩大陣營。一邊認為總膽固醇是心臟病的原因，另一邊則是說總膽固醇沒有關係。

我對這件事的反應比較微妙，因為血液中的膽固醇不是心臟病的直接原因，所以每當我們看到總膽固醇或 LDL-C 高時，必須用更實際的方法著手處理。這時沒必要恐慌，害怕自己有心臟病，但也不應該完全當作沒事。我認為，你的膽固醇檢驗結果可能是重要的代謝指標，提供線索讓你進一步了解是否哪裡出錯。

——克里斯・馬斯特強

我告訴大家，不要太過煩惱紙上寫的膽固醇數字，而是要看看自己吃些什麼以及有何感受。

——凱西・布約克

假設你的飲食和生活型態都沒有問題，不過你的膽固醇數值還是很高，你自然很想知道那代表什麼意義。如果有合理的擔憂，你確實應該嘗試做些什麼。因此，為了讓你清清楚楚地完全了解，以下將告訴你九個理由，為什麼你的膽固醇濃度或許比所謂的正常高上許多。

1. 甲狀腺機能低下

過重的人通常提到自己有「一團糟的甲狀腺」。甲狀腺負責的身體功能有許多，包括血液中的膽固醇濃度，因此很容易成為代罪羔羊。當甲狀腺機能低下時，膽固醇就容易增加。這時的甲狀腺到底發生了什麼事？名為 T3（譯註：三碘甲狀腺素〔triiodothyronine〕）的甲狀腺素通知體內的 LDL 受器，將 LDL 從血液推進細胞——用於各種用途——藉此排除血液裡多餘的 LDL。不幸的是，當你的 T3 濃度低時，這個過程就會減緩，導致 LDL 膽固醇漫無目的地在血液中漂流。

我與保羅・傑敏涅（《完美的健康飲食》作者暨本書專家之一）談過這一點，希望更進一步了解其中的作用。他建議，所有膽固醇高的人都要做完整的甲狀腺檢查。但他也警告，多數實驗室報告的標準範圍不是非常可靠。關於甲狀腺的健康，可以參考這兩本很棒的書：戴提斯・卡拉立安（Datis Kharrazian）的《檢查指數正常為什麼還有甲狀腺症狀》，以及珍妮・鮑多佩（Janie Bowthorpe）的《終止甲狀腺瘋狂》。我曾在播客節目「低醣生活秀」的第三八二和三八三集（譯註：參考此處音檔 http://www.thelivinlowcarbshow.com/shownotes/archive/）訪問過這兩位作者。

有時，只有在你的飲食改變後，甲狀腺功能低下才會表現出來。因此，如果你開始吃低醣、高脂或原始人飲食，膽固醇突然衝高，請去做完整的甲狀腺檢查。此外，確定自己攝取足量的碘，它在海藻和海帶中含量豐富。

澄清時間

當膽固醇濃度升高時，我們會看看甲狀腺，並且可能使用碘補充劑使甲狀腺恢復正常。甲狀腺功能異常是高膽固醇血症十分常見的原因。

——威廉・戴維斯

任何有脂蛋白異常的人，都需要做甲狀腺的檢查。如果問題出在甲狀腺，當然可以治療。

——湯瑪士・戴斯賓

2. 吃太多碳水化合物或太多糖

澄清時間

對我而言，膽固醇升高的重要原因只有一個：反映出你的飲食中有太多碳水化合物。

我們知道，膳食醣類對於 LDL、總膽固醇、HDL、小而緊密的 LDL、大而蓬鬆的 LDL 等都有巨大的影響。要怎麼做才能降低 LDL 膽固醇呢？就是減少你的碳水化合物攝取量。

——德懷特・倫德爾

希望你讀到這裡時，已經領會食物對於膽固醇的影響力道。提到攝取碳水化合物、澱粉和糖，消息就是對你的 LDL 不好。與其說它們會增加你的 LDL-C（計算的數值），倒不如說是讓 LDL 粒子的尺寸變得小而緊密，這種粒子對你的心臟健康最有害。這就是為什麼檢驗粒子大小（我們會在第十三章討論）如此重要。

當你吃大量的碳水化合物時，小型 LDL-P、LCL-C、VLDL 和三酸甘油脂全都規律地急遽上升。

澄清時間

如果你的血中有過量的糖，那麼糖會附著並攻擊 LDL，造成所謂的糖化作用損傷。血中的蛋白質因為過多的糖而糖化，這跟糖尿病有高度相關。因為當你患有糖尿病時，會有高血糖，那些糖會攻擊血中的蛋白質。攻擊的對象之一是 LDL。

試想，當鑰匙孔被冰雪堵住時，你就無法開門上車。你的身體可能出現相同的問題。當 LDL 被糖堵住時，它就不能有效地把貨物運送到組織，因此你需要更多的 LDL 才能適當運作。而且當 LDL 被糖堵住時，它就

無法被肝臟回收利用。因此，你的體內多了這些基本上是髒東西的小型緊密 LDL 粒子。它們是丟不掉的垃圾，這些才是真真正正的壞東西。它們卡在你的身體無法使用的形式裡。

這就是為什麼巨噬細胞要進入斑塊並清除廢物，基本上就是要將這種 LDL 掃進細胞、清理乾淨，然後再以 HDL 的形式送出來。巨噬細胞的行動相當英勇，它們把小而緊密的 LDL 踢出循環。LDL 粒子提供的服務，是將膽固醇和脂肪運送到組織，而它也會因此變成小而緊密的粒子，然後被送回肝臟清理和翻修。然而，這個過程會因為糖而受到阻礙。

——斯蒂芬妮・塞內夫

有許多人相信，當我們吃太多脂肪或膽固醇時，血膽固醇會升高。這聽起來很有邏輯，但事實上，會增加血中脂肪的因素是吃碳水化合物。三酸甘油脂是跟你的醣類攝取最有關係的脂肪。飲食中攝取太多醣類，會提高三酸甘油脂的濃度。減少碳水化合物，你的三酸甘油脂會急速下降。兩者之間有明確且無可否認的關聯。

因此，降低膽固醇濃度有個簡單的解決之道：離碳水化合物遠一點！若想知道自己的醣類攝取是否控制得夠好，最佳方法是看看你的三酸甘油脂是否降到 100 以下。

艾瑞克・魏斯特曼 醫師的證言

有個方法可以記住吃碳水化合物會導致血液和肝臟脂肪增加，就是比擬成法國的美味佳餚——鵝肝（「滿是脂肪的肝臟」），其作法是強迫餵鵝吃碳水化合物（玉米或在羅馬時代是無花果）。人類身上也會發生相同的情況。

澄清時間

習慣性的攝取醣類，會阻止身為燃料的脂肪酸理想地氧化。如果你餵動物高醣和高脂的飲食，然後抽血、離心，收集上層的血漿，看起來會像是牛奶色的脂肪懸浮液。原因是飲食中的脂肪酸被葡萄糖排擠，而這些三酸甘油脂繼續在血中升高。

因此，在高醣飲食中，你的血脂肪會上升。幾十年前就是這一點讓研究者困惑不已，那時他們開始看到高脂飲食改善三酸甘油脂。原理是高脂飲食能控制食慾，造成身體氧化這些脂肪酸來做為燃料，使得血中的三酸甘油脂濃度降低。血液中促發炎脂肪酸的濃度升高，是高醣飲食造成的一個結果。

——多明尼克・達古斯提諾

3. 攝取低醣、高脂飲食

澄清時間

在某些吃低醣飲食的患者身上，我們確實看到總膽固醇稍微升高，特別是 LDL。多數醫師已經太過強調 LDL 膽固醇是「壞」膽固醇，因此很難改變這個想法。我們告訴患者的是，我們打算找出問題在哪兒，並且幫助他們覺得更好。

一旦他們開始感覺更好，就會看到實際上正在改善的證據。他們再次感到生命值得繼續，無論他們的膽固醇檢驗結果為何，或是醫師對他們說些什麼。

——菲利普・布萊爾

喂、喂、喂，等一下，吉米！你不是才說，如果我削減碳水化合物的攝取量，我的膽固醇濃度會下降嗎？是啊，我確實說過。那麼你現在又告訴我，低醣、高脂飲食可能是膽固醇濃度上升的理由？

如果你這時滿頭霧水，我也不會怪你。但你聽聽看這樣如何：當你的飲食開始用健康、真正的食物（像是紅肉、蛋和乳酪）取代糖、澱粉和全穀類時，你的膽固醇檢查將有所改變……變得更好！

事實上，你可以期待 HDL 膽固醇上升到健康的程度（遠超過 50）、三酸甘油脂大幅下降（肯定低於 100），而 LDL 粒子變成主要是大而蓬鬆的那種——數字不會說謊。

然而，有些人對於低醣、高脂飲食卻出現神祕的反應：他們的 LDL-C、LDL-P、ApoB 和總膽固醇數值都驚人地陡增。目前為止還原因不明。

澄清時間

少部分人在吃低醣、高脂、高飽和脂肪飲食的時候，LDL-P 確實容易顯著增加。問題在於這部分的人有多少，沒有人知道答案。我們也不知道這些人的心臟病風險因此受到什麼影響，因為心臟病和糖尿病（總之就是代謝症候群）的其他重大危險因子全都改善了。

——蓋瑞・陶布斯

我不認為醫學了解為什麼有些人吃低醣飲食，他們的 LDL-P 會高到超過2,000，甚至 3,000。但我的假設是，LDL 在這些人的健康中扮演的任何正向角色，僅僅是因為 LDL 的作用更好而正在改善的徵象。我不會把它看成是一件壞事。

——弗萊德・庫默勒

　　想像這個劇情：你把自己的飲食從標準美國飲食換成低醣、高脂飲食，希望改善你的健康。這樣吃六個月後，你瘦了五十磅（約二十二公斤）、HDL 膽固醇濃度上升 25、三酸甘油脂下降 100，而 LDL 粒子的大小從 B 型（壞的那種）轉變成 A 型（好的那種）。從各方面來看，現在的你都比剛開始的時候健康。只有一個問題：你的 LDL-C 躍升了 100，使得總膽固醇超過300。另外，核磁共振脂蛋白檢驗顯示，你的 LDL-P 數值升高到 2,000 以上。搞什麼鬼啊！

　　多數醫師看到像這樣的 LDL 數值，會立刻無條件地開史塔汀類藥物。但如果其他的心血管代謝健康指數全都好得不得了（包括低的三酸甘油脂、高的 HDL 膽固醇、正常的空腹血糖和胰島素濃度，以及低的 CRP 濃度），那麼這些數字有多重要呢？

澄清時間

關鍵問題是，在吃低醣、高脂飲食的情況下，如果其他的健康指數（包括多數的血脂指數）全都很棒，那麼高 LDL-P 會讓你罹患心臟病的風險更高嗎？所有將 LDL-P 連上心臟健康風險的研究，都是在吃標準美國飲食的情況下完成。因此，醫師會這麼認為，是否因為它是在這種情況

下的良好預測指標？但這個結果是否也能應用在吃低醣、高脂的人身上呢？目前沒有人知道答案，因為還沒有做過相關研究。

——蓋瑞・陶布斯

如果你吃的是非常低醣、非常高脂的飲食，認為自己會看到 LDL 膽固醇大幅升高也不無道理。我們曾看過這種情況發生，甚至伴隨體重減輕的效果。從長遠來看，這會如何影響心臟病風險呢？我們還無法完全確定。如果你改善一切，多數的膽固醇數值看來很棒，但只有 LDL 膽固醇數字特別高，我想這是尚待解答的重大未知問題之一。

——派蒂・西利－泰利諾

　　我向本書的另一位專家傑佛瑞・格伯醫師提出這個問題，他是科羅拉多州丹佛市的執業醫師。他鼓勵患者遵循低醣、高脂的飲食，因為他相信這樣比較健康。

　　格伯醫師說：「在飲食中限制碳水化合物攝取量的多數患者身上，我們往往看到他們的膽固醇數值全都往正確的方向移動。但有少部分的人，儘管在營養方面已經做到完備，然而他們的 LDL-C、總膽固醇、LDL-P 和 ApoB（進階膽固醇檢查的另一個關鍵指數）還是可能上升。你對這樣的患者該怎麼辦呢？最基本的是，小心照看他們。關於該怎麼做，有許多意見，但我真的認為這個領域目前尚未清晰。也就是說，在發炎和氧化壓力程度低的情況下，或許這些數值比較沒有意義。」

　　儘管缺乏決定性的證據可說明發生的原因，但格伯醫師認為他還是質疑「採行低醣飲食卻有高 LDL-P 或 ApoB 的人，需要服用史塔汀類藥物的想法。我們只是還不知道答案。」

　　另一位在亞利桑納州吉爾伯特市（Gilbert）執業的家庭醫師拉凱什・帕特爾也指定患者吃低醣飲食。他同樣注意到，某些患者開始減少碳水化合物的攝取量時，他們的 LDL-P、LDL-C 和總膽固醇濃度升高。

　　當我問他原因為何時，他很坦白地回答：「我不知道。」但是他補充說：「如果必須提出一個有根據的推測，我會認為有可能是甲狀腺功能異常。如果你的 T3 表現量減少而 LDL 受器的表現增加，那就可能導致過多的脂蛋白

表現。我們知道，做為心肌梗塞危險因子的促甲狀腺素（thyroid stimulating hormone，TSH），即使濃度在標準範圍內，還是有可能會置你於危險之中。如果你看大多數的實驗室數據，正常的範圍可能是 0.4 到 4.5。然而我們都知道，如果你的 TSH 濃度高於 2.5，就有可能是心血管疾病風險升高的信號。我會考量整體的甲狀腺功能，檢查 T3 和 T4（譯註：四碘甲狀腺素〔Thyroxine〕）。」

　　帕特爾醫師繼續解釋當前研究的最大問題：「目前已進行的 LDL-P 研究，總體對象全都是吃標準美國飲食的人。沒有任何研究探討低醣飲食者的 LDL-P。因此遺憾的是，我們真的沒有答案。當採行原始人、原始、生酮或低醣飲食的患者走進我的診間時，他們若是看到血脂數字回到很高，真的會十分擔心。我無法給他們具體的答案，只能鼓勵他們並給予其他選項。」

澄清時間

對於出現三酸甘油脂低、HDL-C 高，且小型 LDL-P 值低，但 LDL-P、LDL-C 和總膽固醇濃度都高的低醣飲食者，我認為這是一種剝奪基因的變異。

在野生環境中，擁有像這些數字的某些人，大概比其他人類更有生存的機會。如果發生三個星期的饑荒，其他人都餓死了，這些人卻有可能活下來。

——威廉・戴維斯

　　誠如你所見，膽固醇升高的原因不只一種，有時很可能彼此重疊。湯瑪士・戴斯賓醫師告訴我，吃低醣、高脂飲食——有時稱為生酮飲食（我在《生酮治病飲食全書》完整探討的主題）——的人，身處於未知的領域。

　　戴斯賓醫師說：「目前我們注意到，有些人天生不能無上限的吃富含飽和脂肪的生酮飲食，當他們攝取超過一定量的飽和脂肪時，肝臟會開始產生膽固醇，導致大量的 LDL 粒子形成。然而，這是因為你已完全消滅胰島素阻抗以及與它有關的代謝混亂。是否可能這些人的動脈可以忍受稍微超出的 LDL 粒子呢？或許是，也或許不是。除非有進一步的研究，否則我們無法回答這個問題。」

澄清時間

如果維持低的葡萄糖和三酸甘油脂，應該就不用擔心生酮飲食帶來的膽固醇濃度升高。我不知道究竟發生什麼，但這些報告或許跟個人從脂肪或蛋白質攝取多餘的熱量有關。如果他們從任何地方得到多餘的熱量，血脂肪都會提高。然而，這個情況都沒有慢性血糖升高或長期出現醣類誘發的血糖飆升，來得危險。你會看到 CRP 濃度下降、三酸甘油脂變少、HDL 升高，而且 LDL 粒子的尺寸也變大。

——多明尼克・達古斯提諾

　　格伯醫師的看法是，如果你吃低醣飲食卻擔心 LDL-P 的濃度高，完全是庸人自擾。他告訴我：「或許這完全不是一個重要問題。沒有任何證據顯示動脈裡有斑塊，這是根本沒有危險的最棒指標。」但是他補充說：「我們還是很有興趣追蹤像這樣的患者，希望能真正了解箇中原由。」

澄清時間

我本人已經看到自己的 LDL-C 從 150 上升到 190，但我不覺得自己有問題。我一點也不擔心，因為我的三酸甘油脂低、HDL 高，而且兩者的比例很棒。當我在夏威夷執業時，我有許多患者的 LDL 膽固醇數值好又健康，而且他們都超過八十歲了，所以我怎麼會認為他們有問題呢？

——凱特・莎娜漢

　　如果你還是擔心自己的高膽固醇，我在第七章已提到額外的檢驗，讓你能對自己的心臟健康感到安心。但誠如你所見，因為這個主題的科學研究目前尚有侷限，所以真的無法完全釐清。我們絕對需要更好的研究和答案——不只是戴斯賓醫師建議的：「那就吃該死的史塔汀吧。」

4. 家族性高膽固醇血症

澄清時間

家族性高膽固醇血症（familial hypercholesterolemia，FH）比許多遺傳

疾病更常見，但還是比肥胖和糖尿病少見。家族性高膽固醇血症患者的
LDL 受器有問題，他們的肝臟無法得到附近有很多膽固醇的消息，因此
會不斷地釋出膽固醇。我們知道，攜帶一個 FH 基因的人，在二十幾到
三十幾歲有發生心肌梗塞的風險。如果他們的孩子不幸帶有兩個 FH 基
因，這些小孩會在十幾歲時死於心肌梗塞。

——肯恩・施卡里斯

　　人口中有非常少數的比例，患有名為家族性高膽固醇血症（FH）的疾病，
這是一種 LDL 膽固醇濃度較高的遺傳傾向。FH 通常分類為：同型合子 FH、
異型合子 FH。

　　如果你是百萬分之一的極少數人，不幸從父母雙方遺傳到同型合子 FH，
那麼，在很年輕時就幾乎不可避免地會出現心血管疾病。但是，多數人（發
生率為五百分之一）其實是比較常見的異型合子 FH，他們只從父母之一得到
這種遺傳突變。

澄清時間

患有家族性高膽固醇血症（FH）的患者，通常是 LDL 受器或 ApoB 受
器有缺陷。你必須了解的是，在體內四處漂浮的脂蛋白是好東西，因
為它們負責傳送營養素和脂溶性維生素，因此必須停止認為膽固醇是
壞東西。FH 患者比較容易在血液中堆積膽固醇和所有的壞粒子。如果
你從父母雙方遺傳到同型合子 FH，實際上無法活得很久。甚至醫師讓
他們使用史塔汀類藥物也沒有關係，因為他們無法處理 LDL。從父母
之一遺傳到異型合子 FH 的人不多，你可以到雅典娜診斷公司（Athena
Diagnostics）進行基因檢測，了解自己是否有這個缺陷。

——傑佛瑞・格伯

　　如果你的 LDL 或總膽固醇升高，或許你曾在膽固醇檢驗結果中注意到關
於家族性高膽固醇血症的記號。我有一個部落格忠實讀者將心臟科醫師經由
護理師轉交給她的診斷證明寄給我，內容是回覆她要求做電腦斷層心臟掃描，
以測量動脈裡是否有任何鈣化斑塊堆積（第七章已提到許多這方面的訊息）。

醫師希望她服用史塔汀類藥物，他也單獨依據她的 LDL 和總膽固醇濃度（分別是 180 和 280），對她的膽固醇檢查做出假設：

「有鑑於你的膽固醇（特別是 LDL，不好的那種）很高以及你的家族史，我懷疑你有遺傳性的高膽固醇血症。我強烈建議你重新服用史塔汀類藥物，至少從低劑量開始。立普妥現在是非專利藥，你可以試試這種代替史塔汀類的藥物。許多保險公司沒有給付電腦斷層檢查，或許你必須為此付出高額的費用。我可以開這項檢查給你，但你也應該了解，這會讓你接受一定劑量的輻射。如果你有鈣沉澱而且仍然不希望服用史塔汀類藥物，那就沒有真正的理由要去研究。對於無法忍受史塔汀類藥物的患者，另一個選擇是血漿析離術，不過因為那種方法具侵入性，所以除非你真的有禁忌症，否則至少先再試一次史塔汀類藥物比較合理。」

遺憾的是，這位心臟科醫師的回應相當尋常。事實上，倒不如說這是現代許多醫學專家治療患者時持有的悲觀態度。他為什麼會自動「懷疑」這位女性的總膽固醇和 LDL 數值意謂著家族性膽固醇血症呢？

他為什麼不鼓勵她做更有區辨力的基因檢測，直接就跳到她有 FH 的結論，而且因此需要服用史塔汀類藥物呢？更糟的是，他建議她服用非專利藥立普妥「代替史塔汀類藥物」。嗯⋯⋯老兄，立普妥就是史塔汀類藥物啊！像這樣的醫師是不是認為我們全都是一群沒有知識的笨蛋呢？

第一次看到我的膽固醇檢驗結果指出 FH 時，我感到相當驚訝。因此，當我決定寫這本書時，也決心冒險一試，做做這項檢驗。那時我的總膽固醇高（超過 400）是因為 FH 或其他的原因呢？在二〇一三年四月，我付了一千二百美元給檢測公司，得到的結果大概會讓寫下前述證明的心臟科醫師嚇一跳：根據我的 LDLR 和 ApoB 基因，我有 FH 的「可能性相當低」。協助我進行這項檢驗的傑佛瑞・格伯醫師證實，「結果對你是最有利的。願你的 LDL-P 繼續上升，也願你的人生長壽且健康。」

澄清時間

人口中的千分之五有家族性高膽固醇血症。但已經有研究顯示，就算在這些人當中，心臟病也沒有我們認為的嚴重。

——唐納德・米勒

總膽固醇是 300（甚至是 400 ！）但沒有異型合子 FH，是有這種可能的。像這樣的人（我自己也是），或許單純只是很難把血液中的這些 LDL 粒子清除罷了。

我之前曾經說過，現在要再說一次：**血液中的膽固醇濃度升高，本質上不會構成疾病。** 膽固醇必須穿透動脈管壁，才會造成任何傷害。

澄清時間

血液中的膽固醇或許跟人口中的心臟病有關，但這是因為膽固醇和動脈粥狀硬化粒子測量之間的不一致傾向，所以絕不能用於個別患者。

膽固醇唯有進入動脈管壁才會殺死你。

此外，因為所有血脂（包括膽固醇和三酸甘油脂）都是做為脂蛋白的乘客在血管中來來往往，所以攜帶膽固醇分子的小小砂石車（脂蛋白）是否會入侵你的動脈管壁，造成心血管方面的疾病，決定權在於脂蛋白的形式、數量和性質。

——湯瑪士・戴斯賓

完全沒有證據顯示，光是一個升高的生物指標，就有足夠的理由服用史塔汀類藥物。

講真的，當我這麼說時並沒有抵制體制；就連史塔汀類藥物指南都不是根據單一生物指標（像是高數值的總膽固醇）規定而進行治療的——這件事就寫在藥廠關於史塔汀類藥物的使用建議。

——大衛・戴蒙

有些人曾提議，帶有 FH 的人應該服用史塔汀類藥物，但一些簡單的營養改變就能產生真正的變化。你可以嘗試從動物源性飽和脂肪，改吃更多植物源性單元不飽和脂肪（像是橄欖油和酪梨），看看這對於降低你的膽固醇濃度有什麼影響。

此外，你能食用碘補充劑和增加飲食中的抗氧化物，以預防 LDL 粒子氧化並確保甲狀腺得到適當的照顧。底線是？即使你有 FH，都不一定得吃史塔汀類藥物。

5. 缺乏微量營養素

澄清時間

顯然，缺乏微量營養素（特別是銅和碘），可能是膽固醇濃度上升的因素。我們常常開微量元素檢查，並且試圖透過飲食和營養補充劑修正這些不足。

——拉凱什・帕特爾

　　我們需要特定的微量營養素在理想的濃度作用。當這些關鍵的維生素和礦物質攝取不足時，我們的身體可能產生更多 LDL 膽固醇粒子加以補償。保羅・傑敏涅在 LDL 膽固醇濃度較高的人身上，找出一些最常見的微量營養素缺乏。

　　傑敏涅告訴我：「造成某些人有高 LDL 的主要營養素缺乏，是少了碘、硒、鋅和銅。碘和硒是製造甲狀腺素的必需品，而鋅和銅是製造身體最重要的細胞外抗氧化物所需。如果你沒有足量的這些營養素，血中會有大量的氧化壓力，造成 LDL 受損並提高 LDL 濃度。」

　　從食物中攝取適當的微量營養素，並在需要時加以補充，可以將你的 LDL 膽固醇濃度帶回常軌。

6. 慢性細菌感染的危險，特別是牙齒

澄清時間

膽固醇是用來穩定感染後的組織。身體上所有的疤都富含膽固醇，包括動脈管壁上的疤。在我看來，動脈粥狀硬化病灶正是先前感染後的疤。

——烏弗・拉門斯可夫

　　現在我們知道，膽固醇的目的是控制發炎和做為治療的媒介，因此如果你的體內受到感染，膽固醇當然很可能升高。換句話說，如果你有潛在的慢性細菌感染，可能會在膽固醇檢驗結果中以血脂升高來表現。當膽固醇高於公認的正常時，傳統醫學立刻建議服用史塔汀類藥物來降低，卻忽略了一開

始造成膽固醇上升的原因──可能是你完全不知情但應該更加注意的其他健康問題。

帕特爾醫師告訴我：「我在診間最常看到的系統感染是牙周病，如果我們懷疑患者有感染或牙齦炎，一定要適當評估患者嘴裡的細菌總量。這方面一直以來可能沒有確診，而且臨床症狀並不明顯。」

除非你的醫師或牙醫受過訓練，知道該找什麼，否則他們多年來可能完全沒注意到，在此同時，你的膽固醇濃度會不斷攀升。在澳洲雪梨市開業的全觀式牙醫羅恩・埃利克醫師早就知道這個問題，他說：「膽固醇的作用是抗發炎，高膽固醇不只是身體在對抗發炎的指標，還可能是例行血液檢驗中唯一可用的指標。高膽固醇是組織發炎產生的反應，只要除去發炎的原因，膽固醇自然降低。」

再說一次，你的家庭醫師光是看到你的膽固醇濃度升高，就會建議你吃低脂飲食、多做運動，並且服用史塔汀類藥物，完全不去考慮是否有造成膽固醇濃度上升的潛在狀況。埃利克醫師相信，這個問題遠比人們意識到的更為普遍。他說：「牙周病只是慢性牙齒感染的其中之一。牙神經已經死掉的人，牙根尖也有慢性感染，但不一定有痛的感覺。同樣的，跟拔牙有關的下顎骨慢性感染，或許還是病原體的溫床。」

長久以來我都懷疑，這是我的 LDL 和總膽固醇居高不下的原因之一。當我是個嗜吃糖的小孩時，經常嘎吱嘎吱地咬著糖果，然後就讓碎顆粒留在那裡，完全不去注意它對牙齒造成的傷害。不意外地，我在二十幾歲時有四顆牙齒需要做根管治療，還有其他重大的牙科手術。一九九〇年代早期，我的牙齒全都是用銀粉補的，若是根管治療的地方出現任何感染，當然可能導致我的膽固醇濃度升高。埃利克醫師說：「水銀是重金屬，如果以前補的牙持續釋放水銀，可能會出現問題。如果有人的嘴裡有補牙的銀粉，水銀會貯存在他的腎臟、肝臟和腦，在我看來，它會成為影響你的膽固醇的重金屬。」

還有其他牙醫也像埃利克醫師受過訓練，知道如何尋找這些問題。如果你認為這是膽固醇數值高的原因，值得去找他們做個諮詢。知道看似跟膽固醇無關的情況（如牙齒健康），實際上可能是膽固醇濃度升高的原因，不是很美妙嗎？這讓多數醫師的典型反應──開史塔汀類藥物──看來更像是膝反射和小心眼。順道一提，我在二〇一三年六月寫這本書的途中，將所有銀

粉補過的牙全都換成比較安全的材料，同時清理了牙齒幾處的細菌感染。敬請期待這對我的膽固醇濃度會造成什麼影響。

7. 壓力

澄清時間

如果你回頭看看，費明翰心臟研究（Framingham heart study）為什麼判定 LDL 濃度升高只對年輕男性造成威脅，答案相當清楚。當人有壓力時，他們的 LDL 濃度會上升。一九六○年代進行了一個對象是會計師的研究。研究者發現，他們每年有兩次必須做大量的建檔工作，在這段期間，他們的 LDL 濃度平均上升 60%，然後當壓力消退時，膽固醇濃度會再次下降。如果壓力造成心臟病及 LDL 濃度上升，而且我們發現 LDL 濃度與心臟病發生率有相關，你不認為這是壓力造成的嗎？難道這不是可能的假設嗎？

——馬爾科姆・肯德里克

閱讀本書的每個人或多或少都一定經歷過壓力，因為我們全都過著這樣「平靜、放鬆」的生活。不是嗎？可以說，我們現在活在史上最有壓力的時代，不太可能沒有伴隨影響健康的後果，包括對膽固醇濃度的直接影響。《膽固醇大騙局》作者暨本書的專家之一馬爾科姆・肯德里克醫師，是「膽固醇－心臟假說」的著名懷疑者。他告訴我，處於壓力下的身體會產生更多的 LDL 膽固醇，這是件再自然不過的事。

他說：「了解體內的膽固醇是治療媒介的概念，並不是那麼困難。身體為什麼會產生 LDL 呢？這麼說吧，LDL 修復受損的細胞。在壓力期間，被稱為壓力荷爾蒙的皮質醇（cortisol）在短期內上升是件好事，因為這代表了體內正在發生各種健康、療癒的事。但從長期來看，它們就極不健康了。」

澄清時間

我的心臟健康計畫包括減少發炎、降低氧化傷害、減輕壓力和減少糖。這些是促發心臟病的四個主要因子。然而，減輕壓力是個艱難的任務，

涵蓋許多其他的活動，像是社區服務、愛、終止有害的關係、志願工作、性生活、跟動物玩、做些能感到快樂的事。這些全都是心臟健康和整體健康的重要部分。

——喬尼・鮑登

肯德里克醫師補充說，允許壓力持續累積而不想辦法釋放，會迫使身體做出保護自己的反應。肯德里克醫解釋：「這是身體讓自己準備好做痊癒、戰鬥和逃跑等全部的事。LDL 升高是其中一部分。因此，心臟病和 LDL 增加之間確實有很強的關聯。但這並不表示 A 造成 B，而是意謂著 C 造成 A 和 B。這能有多難？就好像是告訴人們，黃手指（譯註：抽菸造成手指染黃）會造成肺癌。」

澄清時間

我的確認為，如果你有高 LDL 或高總膽固醇，你應該擔心，但答案不是服用藥物來解決問題。膽固醇濃度升高，可能是對糖吃太多的反應，也可能是對壓力的反應。因此，膽固醇可做為健康狀況不良的生物指標。

——大衛・戴蒙

因此，與其開史塔汀類藥物降低你的高膽固醇，醫師何不建議你做做瑜伽，或找時間跟心愛的人散散步，或跟孩子一起玩，或做任何其他許多有趣又紓緩壓力的活動呢？在你放慢腳步、學會減輕壓力之後，看到自己的膽固醇數值回到正常時，也不用太過驚訝。就像孩子說的：「老兄，放輕鬆點嘛！」

8. 荷爾蒙問題

澄清時間

記住，很多情況都會使膽固醇上升，當你了解膽固醇有多重要時，你就能輕易地了解為什麼。壓力造成的膽固醇上升，可能完全跟飲食無關。當你在對抗感染時，膽固醇也會上升。當你吃飽和脂肪時，你的 HDL 和 A 型 LDL 會升高——不過這是件好事！

此外，別忘了身體裡的大腦、細胞膜和性荷爾蒙都需要膽固醇，更別說維生素 D 和膽酸也需要它。

——喬尼・鮑登

荷爾蒙……啊！光聽到這幾字就能讓女性不寒而慄。隨著女性體內的荷爾蒙在生理期或更年期等期間上升，膽固醇也跟著上升。服用避孕藥，也可能造成膽固醇濃度升高。此外，當女性懷孕時，膽固醇會幫助嬰兒的腦和身體發育。光是這一點應該就能證實，膽固醇是生命不可或缺的物質！

澄清時間

如果你沒有代謝膽固醇，就表示你沒有把膽固醇轉換成應該轉換的一切，像是消化所需的膽酸、性荷爾蒙、血壓調節荷爾蒙、所有的類固醇激素等。如果你（用史塔汀類藥物）阻擋，等於不讓膽固醇做它該做的好事，而且讓 LDL 粒子更有可能受到損害。

——克里斯・馬斯特強

多囊性卵巢症候群——胰島素阻抗和代謝症候群的徵象——是 LDL 升高和 HDL 降低的另一個主要原因。葡萄糖功能受損，也可能導致小而緊密的 LDL 膽固醇粒子增加，造成更多發炎並促使心臟病更可能發生。

男性也完全不能掉以輕心：男性的更年期同樣可能造成膽固醇濃度急遽上升。荷爾蒙笨蛋！

重點是，膽固醇對荷爾蒙改變的反應，完全正常且自然。如果你檢查後發現數值很高，請看看幾個讀數的趨勢，判定膽固醇升高是不是暫時的荷爾蒙失調所造成。當你的醫師試圖逼迫你吃降膽固醇藥時，請跟他說，你希望讓膽固醇執行自己的任務：治療和保護你的身體。

澄清時間

身體絕對不會隨隨便便地丟掉膽固醇。身體非常仔細地保存所有膽固醇，因為它對身體的價值很高。

——斯蒂芬妮・塞內夫

9. 體重減輕

　　信不信由你，就算當你減輕體重變得更健康時，你的膽固醇濃度也可能做些莫名其妙的事。LDL 和總膽固醇可能升高、HDL 可能降低、三酸甘油脂可能升高、血糖和血壓可能上升。但請不要激動：這些全都是體重減輕的正常部分。

　　一旦體重減到你希望的程度而且保持穩定，這些膽固醇數值會神奇地重回控制。這就是為什麼當你還在積極減重時，檢驗膽固醇大概不是個好主意。達到你的理想體重，並至少維持一個月的穩定體重，然後再做檢驗。

艾瑞克・魏斯特曼 醫師的證言 ⋯⋯⋯⋯⋯⋯⋯

測量血中的膽固醇濃度有個問題，如果你正在減重，它們的意義大概不太一樣。當身體使用自己貯存的脂肪能量做為燃料時，血膽固醇濃度可能會劇烈地變動，然後在停止減重時會回到尋常的狀態。

因此，如果我的患者正在減重，我並不擔心他反覆的血膽固醇濃度，直到他達成理想的體重並且維持住。

　　以上九個理由是你的膽固醇為什麼可能上升的原因。而且你知道嗎？我們只提到一點點皮毛！我們甚至還沒有談其他的可能原因，像是運動過度、脂肪肝和吃得太少。

　　不過，至少你能了解膽固醇的問題有多麼複雜難解，遠遠超過你的醫師可能承認的範圍。至少、至少，現在你知道為什麼，第一道防線是膝反射般敦促你吃史塔汀類藥物降膽固醇，而不深入探討原因，是你的醫師能做的最蠢的事之一。

　　我很確定，你們當中有些人（儘管讀到這裡）還是擔心高膽固醇可能對你的心臟有害。嘿，我懂！醫學界和健康組織多年來一直在對你洗腦。請回頭看看第七章中所提到的具體方法，教你如何判斷高膽固醇的真正原因、決定當數字攀升時你需要多麼擔心，以及有哪些檢驗可以測量是否有任何真實疾病可能正在發生。

膽固醇跟你想的不一樣

▶ 甲狀腺功能低下可能減緩LDL膽固醇的清除。

▶ 碳水化合物會增加血液中的三酸甘油脂和小型LDL-P。

▶ 低醣、高脂飲食可能讓某些人的LDL-P和總膽固醇增加。

▶ 需要對生酮飲食進行更多研究，才能了解膽固醇對遵循這種飲食療法的人有何意義。

▶ 家族性高膽固醇血症是有膽固醇濃度高的遺傳體質。

▶ 缺乏微量營養素，像是碘、硒、鋅和銅，會提高膽固醇。

▶ 高膽固醇的某些原因（包括慢性細菌感染，特別是牙齒）往往被忽略。

▶ 壓力會提高皮質醇濃度，其表現則是膽固醇較高。

▶ 荷爾蒙或許會造成膽固醇濃度大幅波動。

Chapter 12

低脂素食的迷思

澄清時間

你該如何打破人們認為低脂代表「健康」的想法呢？到最後，真理終將
勝出；最終，真實的訊息將大獲全勝。你能壓抑真相的唯一方法，是用
大量的金錢和努力，而這正是此時此刻我們看到的情況。但在某個時刻，
這個情況將會消退，因為證據確鑿，而且全都指出同個方向。

我認為，關於脂肪和膽固醇的想法有點像是共產主義，它已經持續了
五十年，一直以來靠著謊言維持。最後，人們一定會理解，這套系統就
是行不通！

——馬爾科姆·肯德里克

當你想到「有益心臟健康」飲食的時候，大概都離不開低脂和素食的取
向。在無數人的心中，這是條唯一可行的道路。然而，唯有在你錯誤地相信
攝取富含飽和脂肪的食物會提高 LDL 膽固醇和導致心臟病，這個想法才有道
理。但你已經不再相信了，對嗎？

澄清時間

脂肪不是問題，它也絕對不會成為問題。吃脂肪和膽固醇，不一定會提
高你的膽固醇濃度。從真正的全食物來源攝取健康的脂肪，完全無從挑
剔。排除糖、白麵包和白麵條之類的人工食物，才能真正讓你的膽固醇
保持在應有的濃度。

——佛來德·帕斯卡托爾

　　如果你現在吃低脂、素食飲食，而且膽固醇數值和其他重要的健康指數（血糖、胰島素、C－反應蛋白等）全都相當完美，那你為什麼要做改變呢？但我也得指出，飽和脂肪與膽固醇被妖魔化多年之後，這樣的人或許很難理解一個已逐漸撼動的事實：從飲食中排除脂肪和膽固醇，所造成的傷害可能勝過好處。

澄清時間

　　如果你在進行低脂飲食，適量脂肪能讓你的 LDL 粒子減少。小而緊密的 LDL 粒子容易與各種健康問題有關。然而，當有人這樣吃東西時，他們的 HDL 膽固醇濃度也會變低。HDL 變得太低的一個理由，是在飲食中沒有攝取足夠的飽和脂肪。

——保羅・傑敏涅

　　我們已經詳細討論這點，但它值得一次又一次地反覆提及：身體裡的每個細胞都需要膽固醇才能適當運作。當你剝奪身體不可或缺的營養素（像是飽和脂肪與膳食膽固醇），並用碳水化合物的能量來源（全穀類、含糖水果、澱粉質蔬菜）取代時，身體的反應是製造更多三酸甘油脂、降低 HDL 膽固醇濃度，並且產生那些討人厭的小型緊密 LDL 粒子。當你的飲食主要是高醣、低脂和素食時，就無法避免這種健康指數的三重威脅。

澄清時間

　　如果你吃高醣、低飽和脂肪飲食，比較容易增加脂蛋白 (a)。這也是低脂為什麼無法解決心血管風險的另一個例子。

——羅納德・克勞斯

▍低脂素食飲食全都是要降低LDL膽固醇

　　請停下來想想這一點。為什麼低脂、素食飲食會變成大受歡迎的降膽固醇選擇呢？還有，為什麼一般認為它可以促進心臟健康呢？是的，它跟「膽

固醇－心臟假說」密不可分，特別強調兩個數值：你的 LDL-C 和總膽固醇。當顯而易見的證據顯示，你只要從飲食中減少飽和脂肪與膽固醇（最常見於動物源性食物）就能降低這兩個數字，那麼讚頌醣類為主的食物，同時妖魔化脂肪、膽固醇和肉類的行動，勢必全面展開。

　　當然，讀過本書的你現在了解更多，知道身體的反應太過複雜，不能只用膽固醇檢查的兩個武斷數字來看。但是多年來，醫師一直盲目聽從膽固醇假說（譯註：原文 drinking the cholesterol hypothesis Kool-Aid，其中的 Kool-Aid 是濃縮果汁粉末的品牌。一九七八年，人民聖殿領袖吉姆・瓊斯〔Jim Jones〕慫恿教徒喝下摻有毒藥的 Kool-Aid 集體自殺，共有九百多人身亡，此後 drinking the Kool-Aid 被引伸為非出於自願，但也無法違抗地去接受某事或盲目聽從別人的話），因此看到 LDL-C 是 65，而總膽固醇是 101，還是會相當興奮。那麼，如果患者的 HDL 是 23，或三酸甘油脂是 227，或（如果他們不怕麻煩地做了進階膽固醇檢驗）LDL 粒子全都是小而緊密，又會怎麼樣呢？你能不能從中發現，低脂飲食和史塔汀類藥物的組合治療，有多麼容易變成高膽固醇的必備療法呢？

澄清時間

把飲食故事複雜化的事實很簡單：史塔汀類藥物能降低 LDL 膽固醇和拯救生命，至少在某些患者身上可行。這一點驅使人們相信，任何可以降低 LDL 膽固醇的東西，一定是好東西，既然飽和脂肪會提高 LDL 膽固醇，那它一定是壞東西。藥廠也推出結合飲食和藥物的廣告，使盡全力地推波助瀾。如果你不能藉由避開奶油、乳酪和紅肉讓膽固醇降得夠低，那就吃我們的藥吧！

——蓋瑞・陶布斯

狄恩・歐寧胥的低脂素食飲食試驗從來沒有只針對營養項目

　　狄恩・歐寧胥（Dean Ornish）醫師是提倡低脂、素食運動的主導者之一。

他因為「生活型態心臟試驗」（Lifestyle Heart Trial）而聞名，這是一系列的臨床研究測試，企圖透過生活型態改變（像是運動、壓力管理、戒菸和低脂素食飲食），逆轉冠狀動脈疾病的進展。結果發表在一些極具聲望的醫學期刊，包括《刺胳針》和《美國醫學會期刊》。歐寧胥醫師喜歡說，他的取向是唯一被證實能逆轉心臟病的方法。事實上，當我二〇〇八年在播客節目「低醣生活秀」中訪問他時，他也一再地這麼說。

但是，我與本書訪談的幾位專家都質疑他的主張，包括心臟科醫師威廉・戴維斯，他相信「生活型態心臟試驗」的結果太容易造成誤導。

這項研究是營養計畫的一個「小得不得了的試驗」，戴維斯醫師說：「我們知道，開始進行『生活型態心臟計畫』的不到三十個高風險患者中，在計畫的五年期間內，差不多有二十八個最後發生心肌梗塞、心臟手術或住院治療。換句話說，這些不是二十八個四處走動、開心跳舞、吃健康飲食的人。這些人是在試驗的五年期間，有非常、非常嚴重問題的人。」

戴維斯醫師也質疑歐寧胥醫師測量心臟病的原始方法。他說：「參與者的疾病進展確實較少，但他使用的測量非常粗糙，像是『冠狀動脈定量顯影分析』（quantitative coronary angiography，QCA）。這不是評估疾病負擔的好方法。」

根據戴維斯醫師所說，這些變項使得研究的推論缺乏遠見。他提到：「我認為歐寧胥醫師呈現的是，他的極低脂飲食加上整個生活型態，集體達成內皮細胞功能的正常化。這一切只代表他讓研究參與者的動脈放鬆，使得他們的血管直徑明顯增加，並且減少阻塞的百分比。」

戴維斯醫師補充說，更嚴酷的現實是，歐寧胥醫師並沒有讓參與研究的患者「排除心血管事件的發生」。他說：「參與研究的患者有許多心血管事件，因此，必須小心注意從這項研究得出任何結論。」

然而，歐寧胥醫師的研究卻使許多擔心高膽固醇會導致心臟病的人，改吃低脂、素食的飲食。但這如何影響整體健康呢？戴維斯醫師說：「如果心臟病是你唯一的標準，我認為會有益處。但如果我們問，這真的是代表人類演化適應後的理想飲食，將我們控制的全部疾病減到最少的飲食嗎？那麼我會說絕對不是。」

事實上，戴維斯醫師將低脂、素食飲食視為「人們應該如何生活的反演

化解釋」。他補充說，更糟的是它可能導致「多種代謝失常和健康問題」。這種飲食比吃劣質的速食等食物好一些，但它絕對不是理想的飲食方法。

艾瑞克・魏斯特曼 醫師的證言

新近的獨立研究已經證明，有些人吃超低脂飲食會惡化LDL分析，而運動只能部分減輕這個效果。
因此，重點在於了解你選擇的任何生活型態如何影響自己的健康，不要別人怎麼說，你就怎麼做。

認知神經科學教授大衛・戴蒙博士說，關於「生活型態心臟試驗」有時被忘掉的是，它不僅僅跟飲食有關——雖然飲食是這個試驗最後出名的部分。執行生活型態的改變也同樣重要。

遺憾的是，媒體選擇向廣大群眾行銷的是，如果你想要健康，必須減少脂肪攝取量和多吃植物源性食物。但真相是，並沒有任何一項研究是獨立探討低脂、素食飲食。

戴蒙博士告訴我：「強調低脂、大量蔬果，而且只吃少量瘦肉的飲食大師中，最受矚目是狄恩・歐寧胥，他提倡用這種飲食做為心臟病的一種治療。歐寧胥主張，他的飲食建議能夠降低血中的膽固醇並且改善健康，但他從未真正進行過單純只操弄飲食的研究。」

換句話說，不管飲食計畫為何，或許都能改善健康，這個區別相當重要。戴蒙博士：「在歐寧胥醫師的研究中，人們減少抽菸、減輕壓力、增加運動。對了，順道一提，他們也剛好減少攝取飽和脂肪與膽固醇。關鍵問題在於，是否所有生活型態的改變都有預期效果，甚或飲食也是。」

戴蒙博士補充，像歐寧胥醫師這樣提倡低脂、素食的人，即使他們的飲食建議對許多人不適用，但或許他們的「生活型態建議是正確的」。

戴蒙博士又說：「人們需要理解，身體健康沒有萬靈丹。生活型態的改變，像是戒菸、減少糖的攝取、控制壓力和運動，再加上吃自然的脂肪（包括奶油）、全脂乳酪、草飼牛肉、堅果、蔬菜和黑巧克力，才是健康的最佳處方。」

蛋白謬論

健康飲食的趨勢中，最糟糕的部分之一是有關蛋的遭遇，特別是對營養蛋黃的嚴重毀謗。許多受歡迎的連鎖餐廳大聲歌頌他們的蛋白三明治，向消費者推銷這是更健康的選擇。

二〇一二年，賽百味（Subway）的菜單推出新的「健康」選項——「熱壓黑森林蛋白乳酪早餐三明治」；然後在二〇一三年，麥當勞大肆宣傳他們的「蛋白滿福堡」新品是「更清爽」的選擇。

只要我們繼續害怕攝取飽和脂肪與膽固醇，未來勢必看到餐廳的菜單有越來越多的蛋白選項。這點更進一步地證明了，膳食脂肪和膽固醇在我們的文化裡被妖魔化的程度有多深。

然而，實際上，吃蛋白可能真的有嚴重的負面效應。營養學家克里斯・馬斯特強博士告訴我：「蛋白含有名為抗生物素蛋白的營養素，它會跟生物素結合，阻止生物素的吸收。事實上，在動物研究中已經證實，日常飲食包含 5% 的蛋白會造成先天缺陷。人類的證據顯示，孕婦因為懷孕壓力而輕微缺乏生物素。這可能是人類先天缺陷的一個致病因子。」

馬斯特強博士認為，如果只吃蛋白，「大概永遠都不是一個好主意」，對於「生育年齡的婦女特別有害，因為她們往往最害怕攝取蛋、脂肪、膽固醇和紅肉」。

本書的另一位專家是麻省理工學院的營養研究科學家斯蒂芬妮・塞內夫博士，她大力提倡動物源性食物。事實上，因為飽和脂肪內含關鍵的胺基酸，所以她相信排除飽和脂肪可能造成嚴重的健康問題。

塞內夫博士說：「心臟、大腦和肝臟全都貯存牛磺酸，這是唯一的含硫胺基酸，而牛磺酸只能在動物產品中找到。因此，如果你是個素食者，飲食中就完全沒有牛磺酸。」

土雞蛋的蛋黃和新鮮的魚，不但帶給我們大量的重要 ω-3 脂肪酸，還提供你身體成長所需的一切牛磺酸。因此，吃低脂、素食飲食的人，錯過了一些最可能有益心臟健康的食物。

塞內夫說：「我們應該多吃含有膽固醇的食物，我不了解營養學家怎麼會認為推廣只吃蛋白是個好主意。」

誠如我先前所說，倘若多吃蔬果的飲食對你有用，那就繼續執行。但如果遵循低脂、素食飲食養生法的結果讓你並不滿意，何不花三十天的時間，試試以真正食物為主的高脂、低醣、適度蛋白質的飲食，看看你覺得如何？你會有什麼損失？

艾瑞克・魏斯特曼 醫師的發言

我認為，有些人吃低脂飲食可能有益健康，但另一些人的健康可能因此更糟。它絕對不像一直被吹捧的那樣，是預防心臟病和糖尿病的萬用解決之道。

膽固醇跟你想的不一樣

▶ 有益心臟健康的飲食往往被認定為低脂、素食的飲食。

▶ 當焦點全都放在LDL膽固醇時，減少脂肪和膽固醇的攝取顯得理所當然。

▶ 如果你遵循低脂、素食飲食養生法，而且過得健康，那就繼續保持。

▶ 當你減少飲食中的脂肪時，通常會用更多的碳水化合物代替。

▶ 高醣、低脂飲食會提高三酸甘油脂、降低HDL，並且增加小型LDL-P。

▶ 狄恩・歐寧胥醫師深信他的低脂飲食能改善心臟健康，但其實不然。

▶ 在歐寧胥醫師的研究中，他的養生法並沒有防止患者經歷心血管事件。

▶ 歐寧胥醫師的研究從未將飲食單獨出來。

▶ 生活型態改變配合適當的飲食計畫，對於心臟健康相當重要。

▶ 限制只吃蛋白，反而會造成健康問題。

▶ 戒絕動物源性食物，會使心臟、大腦和肝臟喪失維生所需的營養素。

03

膽固醇數值的真正意義

Chapter 13

LDL粒子是什麼東西？

知道總膽固醇濃度並沒有什麼用處。膽固醇是被載送的東西，本身並沒有問題，唯有載具才能決定這是不是個問題。當它搭乘 HDL 時，它是好的；當它搭乘大型、漂浮的 LDL 粒子時，它是中性的；當它搭乘 VLDL 時，它是壞的；而當它搭乘小型緊密的 LDL 粒子時，它就是個災難。

——羅伯·魯斯提

若用標準膽固醇檢查評估動脈粥狀硬化的風險，最無效的方法，大概就是看總膽固醇或 LDL-C 數值。

——湯瑪士·戴斯賓

希望這本書進行到這裡時，我的舉證已有足夠的力道，來反對幾乎只用 LDL 和總膽固醇做為測量心臟健康風險的方法。甚至我可能已經說服你，健康和醫學界對飽和脂肪的毀謗，是對大眾施展的最大騙局之一。雖然有許多內容等待消化，但我希望你還有空間接受更多的訊息。尤其是，我想進一步探討跟總體心血管健康最相關的檢驗，讓我們先從 LDL 粒子開始。這應該是你對本書期待已久的部分！

長久以來，LDL 一直被視為膽固醇對話裡的髒話。但是，你知道 LDL 其實不只一種嗎？通常你在膽固醇檢驗結果中看到的是「低密度脂蛋白膽固醇」（LDL-C），而它不過是利用弗氏公式（Friedewald equation）計算出來的數字。

多數人並不理解自己的 LDL 數字是標準膽固醇檢驗的「估計值」，不是一個精確數字。換句話說，這個數字是計算得來，而不是直接測得的。

然而，多數醫師的既定目標是將 LDL 膽固醇濃度降到 100 以下。這真的有任何道理可言？

澄清時間

在任何科學文獻中，從來不曾看過 LDL 被視為獨立的危險因子。部分原因是，測量 LDL 的方法向來十分間接。我們知道如何測量血液中的總膽固醇和 HDL 粒子，對於其他的部分，只能進行某種計算（弗氏公式），並且以為那一定是你的 LDL 膽固醇。

——凱特·莎娜漢

越來越多人同意，測量 LDL 粒子濃度——完整粒子，而不只是它的膽固醇內容物——更有意義，而且在許多情況下，這是評估風險的更精確方法。此外，它對於界定治療目標，甚至更加重要。

粒子檢驗的整個領域已被列為「新興」技術，只是這個新興技術其實已經出現三十年了。

——羅納德·克勞斯

為什麼測量LDL粒子比估計LDL膽固醇更有益

或許你想知道是否有些直接測量 LDL 的方法。你看看，還真的有呢！

能被測量的 LDL 粒子主要分成兩大類：A 型是大而蓬鬆，通常被描述為「好」LDL（沒錯，確實有這種東西）的無害種類；B 型是小而緊密，可能有危險性的「壞」LDL。

B 型 LDL 容易穿透動脈管壁，危及心臟健康，這就是你不計一切代價試圖避免的東西。因此，知道 LDL 粒子的分類，對於判定整體的心臟健康是相當重要的。

澄清時間

你希望盡可能降低你的小型 LDL 粒子（血液中含有的 LDL 粒子的真實數字）。

——傑佛瑞・格伯

如果你的 LDL 粒子多數是大而蓬鬆的那種，就沒有問題，也沒什麼需要擔心的。所以，知道 LDL 的組成相當重要。我們的問題出在只看 LDL-C 數值，並且自動假定數字高就不好。然而，粒子的類型有很大的差異，你的 LDL-C 數值並沒有告訴你完整的故事。LDL 粒子的大小，比 LDL-C 重要很多很多，你最希望有的應該是大而蓬鬆的 A 型 LDL 粒子，至於小而緊密的 B 型 LDL 粒子，則是少一點好。

——凱西・布約克

　　既然如此，你該如何測量你的 LDL 粒子數和大小呢？事實上，這項技術已經行之有年，而且仍在逐年精進。儘管如此，如果你要求醫師進行粒子大小檢驗，很有可能得到的不是一雙疑惑的眼神，就是一些關於這麼做沒有必要的建議。

　　請記住，自從膽固醇可以用史塔汀類藥物降低之後，製藥公司就一直非常有效地「教育」你的醫師，讓他們只把 LDL 和總膽固醇當作主要的心血管風險指數。不過，你可以且應該堅持進行測量 LDL 粒子的各種檢驗。你的健康保險或許沒有給付，但我保證這些檢驗絕對值回票價。

澄清時間

這些年來，在我親自看過的眾多冠狀動脈疾病患者中，我用一隻手就能算出小型 LDL 粒子不足的人數；不足的情況有可能發生，卻十分罕見。患有冠狀動脈疾病或有罹病風險的人，絕大多數都是小型 LDL 粒子過量。造成小型 LDL 粒子的只有一種東西，那就是碳水化合物，並不是飽和脂肪，所以我們使用低醣飲食來消除小型 LDL。順道一提，這樣還能降低血糖濃度，並且使血液中的維生素 D 恢復正常。

——威廉・戴維斯

很棒的消息是，在美國，你可以在 PrivateMDLabs.com、DirectLabs.com 和 HealthCheckUSA 之類的網站，自己預約檢驗，甚至不需要醫師開立處方。對於沒有健康保險的人（我自己也是）而言，這是個絕佳的選擇。

不過，找到能幫助你解釋這些結果的醫師相當重要，本書裡的訊息應該有所幫助。在此列舉三個絕佳的資源，協助你找到能幫你進行和解釋更高階膽固醇檢驗的醫學專家：LowCarbDoctors.blogspot.com、PaleophysiciansNetwork.com，以及 PrimalDocs.com。

為了判斷你適合做哪些膽固醇檢驗，我們先來看看有什麼檢驗，以及可以到哪兒去做。

澄清時間

我的許多同事對於這些（進階膽固醇檢驗）方法應該如何使用的看法不一。他們不想提出任何標準膽固醇檢驗以外的事，以免造成臨床執業醫師的混亂。

——羅納德‧克勞斯

膽固醇檢驗指南

一般血脂檢查

這大概是最便宜也最常見的膽固醇檢驗，在任何醫療機構都可以做，只需要在醫師診間做個簡單的驗血。一般被稱為血脂（血液中的脂肪）檢查，需要禁食十二小時（通常是一個晚上）才能進行。檢驗的四種主要血脂類型，包括估算的 LDL-C、HDL-C、三酸甘油脂，以及總膽固醇。有些醫師會進行擴大版的血脂檢查，另外測量 VLDL 和非 HDL 膽固醇（非高密度脂蛋白膽固醇）。

你在本書後續將會了解這些是什麼東西。這裡再次提醒，血脂檢查在任何年度體檢中都十分常見，但你還是能從結果中推斷重要的訊息，這是最根本的基礎。

VAP檢驗（TheVAPTest.com）

通常簡稱為「VAP檢驗」的「垂直自動分離檢驗」（Vertical Auto Profile Test），是出自 Atherotech 診斷實驗室（Atherotech Diagnostics Lab）的進階全面性膽固醇檢驗，在禁食或非禁食狀態下進行血脂檢查的完整分析。檢驗時，直接測量 LDL、VLDL 和 HDL，以及 ApoB、三酸甘油脂和 Lp(a)（脂蛋白 (a)，全名為 Lipoprotein(a)），這些都跟 HDL 的分析一起進行。另外，也會測量 LDL 密度以及 A 型和 B 型的分類，但沒有測量 LDL-P。這種檢驗通常建議已有心臟健康問題的患者進行，例如，動脈粥狀硬化、第二型糖尿病、高發炎指數；此外，有高危險因子的人也建議去做，如抽菸或有高血壓、低 HDL-C、心臟病家族史，或是中年人士。VAP 檢驗的價格跟一般血脂檢查大約相同，多數的健康保險也有給付。

離子遷移光譜術（Ion-Mobility Spectrometry）

離子遷移是奎斯特診斷公司（Quest Diagnostics）提出的脂蛋白粒子測量方法，你的醫師大概還不清楚，但是這個方法對於血中各種脂蛋白的大小和濃度，提供最直接、最精確，而且可再現的物理測量。

另外，它也對 LDL、HDL 和 VLDL 的各個脂蛋白子類，提出更可靠的檢測結果。離子遷移的精確性令人驚艷。因此，無論是在研究或臨床環境都相當有吸引力。

熱那亞診斷公司（Genova Diagnostic）的CV健康加基因組學（CV Health Plus Genomics，GDX.net）

這種檢驗利用核磁共振技術來分析你的血液，評估心血管疾病背後的關鍵指標，包括發炎、脂質沉積、內皮細胞功能異常，以及凝結因子。此項檢驗在一份報告中，除了提供標準的膽固醇檢查，還包括其他絕大部分的進階檢驗指標：Lp(a)、高敏感度 C- 反應蛋白（hs-CRP）、ApoE 基因型等。熱那亞檢驗的獨特之處，是由脂質分餾得到胰島素阻抗分數。

澄清時間

我們究竟應不應該在臨床環境中檢查膽固醇呢？我認為，答案絕對是「應該」。它是一種工具，可用來當作測量患者心臟病風險的注意標準。我利用膽固醇檢驗，來監控飲食改變的成功與否。但我沒有把它當作建議用藥的工具，除了少數進行某種營養改變卻無法成功的患者。

——傑佛瑞・格伯

有太多、太多的人身上帶著大量的小型 LDL-P 或非常高的 LDL-P，卻毫無感覺，他們完全不知道有這些東西存在，也不了解它們對自己的健康可能造成的負面後果。這都是拜世界各地大多數主要健康組織的大量 LDL-C 洗腦之賜。現在你知道 LDL 粒子檢驗的重要性，你可以採取適當的行動：自行去做適當的檢驗，或是敦促你的醫師不要只做基本檢驗——重點全放在總膽固醇和 LDL 的檢驗，無法真正讓你知道更多有關心臟健康的風險。

下一章，我們將看看膽固醇檢查的棄子：這些是多數醫師忽略的指數，卻握有罹患心臟病的真正風險的關鍵答案。

艾瑞克・魏斯特曼 醫師的證言

請記住，測量血膽固醇和發炎的重大要點，是預防或治療動脈粥狀硬化。我建議我的患者要定期「檢查動脈」是否硬化。

膽固醇跟你想的不一樣

▶ LDL膽固醇有各種大小。

▶ 傳統的LDL膽固醇不過是檢驗結果的估算數字。

▶ A型LDL膽固醇是大而蓬鬆的粒子，通常無害。

▶ B型LDL膽固醇是小而緊密的粒子，可能相當危險。

▶ 你應該進行其中一項粒子檢驗，以評估你的風險。

Chapter 14

被遺忘及忽略的三酸甘油脂和HDL

澄清時間

沒有藥物能有效降低三酸甘油脂濃度,這就是為什麼主流醫師不願意對此投注太多心力。然而,三酸甘油脂對飲食改變的反應非常強烈。如果你減少攝取碳水化合物,很容易就能達到理想的三酸甘油脂濃度——範圍在 50 到 60 mg/dL。此外,三酸甘油脂對 HDL 的比例,是你的飲食控制得多好的良好指標。如果比例很高,或許你能因為多吃飽和脂肪以及少吃醣類而得到好處。

——保羅·傑敏涅

記得我在二〇〇五年初進行標準血脂檢查,檢驗我的膽固醇,那是在我減掉一百八十磅(約八十二公斤)的一年過後。我的家庭醫師在我去看結果和數據分析的那天,並不在他的診間。那位代理的醫師助理新人看過我的檢驗結果之後,帶著驚訝且擔憂的眼神直盯著我看。我的總膽固醇(對他而言)是高得嚇人的 225,而我的 LDL 讀數則是恐怖的 130。他堅決認為,我需要盡快吃高劑量的史塔汀類藥物。

當我詢問我的 HDL 膽固醇(72 mg/dL)和三酸甘油脂(43 mg/dL)的比例時,他承認這些數字確實是在好的範圍內,但他很快就對它們置之不理,因為他覺得這些跟心臟健康無關。還記得嗎?我在二〇〇四年才擺脫史塔汀類藥物,而且體重從四百一十磅(約一百八十六公斤)下降到二百三十磅(約一百零四公斤),還因此變得更健康。他承認,我能減掉三位數的體重很令人敬佩,但仍然開給我降膽固醇的史塔汀類藥物:四十毫克的立普妥。

澄清時間

人們已經了解，「LDL膽固醇是壞膽固醇」和「HDL膽固醇是好膽固醇」
這兩句咒語是錯的。膽固醇做了好多、好多重要的事；如果有很多膽固
醇進到你的細胞，你應該感到高興。你的LDL升高並不是一件壞事。「膽
固醇升高是不好的」的想法，完全沒有科學基礎，只是用來嚇唬人和銷
售史塔汀類藥物。

——唐納德・米勒

三酸甘油脂和LDL都跟心臟病有關。LDL有兩種：大型、漂浮的種類
跟心臟病無關，小型、緊密的種類確定跟心臟病有關。判定你的LDL主
要是哪一種的最佳方法，是仔細檢查你的三酸甘油脂濃度。高LDL和高
三酸甘油脂，代表你的小型LDL粒子最多，而且有胰島素阻抗和代謝症
候群。這就是我進行膽固醇檢查時，想要尋找的東西。

——羅伯・魯斯提

三酸甘油脂對HDL-C的比例不應該用於非裔美國人。就算他們有嚴重
的胰島素阻抗，他們的三酸甘油脂還是不高。為什麼呢？因為他們有不
同類型的脂肪酶——分解代謝三酸甘油脂表現的酵素。這一點已經有相
關文獻。
事實上，非裔美國心臟科醫師基思・費迪南（Keith Ferdinand）一直反
覆強調這個資訊。因此，三酸甘油脂對HDL-C的比例是一個很棒的資
訊，但如果你是非裔美國人，這就另當別論。他們的胰島素阻抗更可能
表現出血糖異常、肥胖和高血壓，而不是高三酸甘油脂和低HDL膽固
醇。可惜的是，幾乎沒有人，甚至連醫療保健專業人士都沒有意識到這
一點。

——湯瑪士・戴斯賓

　我不得不懷疑，如果HDL和三酸甘油脂都不像LDL一樣重要，為什
麼一開始要測量呢？它們沒有任何的意義嗎？為什麼當它們出現在對的地方
時，你卻不當一回事地把它們丟掉？就像這位醫師助理——腦中還清楚記得

所有訓練──完全不理會它們，一心只關注我的「壞」LDL 數值。這裡有個簡單的解釋：他可以用史塔汀類藥物處方「修理」它們。

或許你認為現在這個年代，醫師應該了解每個患者都是獨一無二，沒有任何全面性的治療適用於每一個人。我直截了當地告訴醫師助理，我不想再使用史塔汀類藥物，因為我經歷的副作用嚴重到難以忽視。

我請他教我降低 LDL 的自然方法──如果它真的是那麼不好的東西。令我驚訝的是，雖然他好像興致缺缺，但確實提供了一個選項。他給我一本位在奧蘭多市的佛州脂質研究院（Florida Lipid Institute）的小冊子，上面寫著「免用藥降膽固醇計畫」（Drug-Free Cholesterol Lowering Plan），這是保羅・茲亞積卡（Paul Ziajka）醫師在二〇〇三年發展的計畫。

小冊子上推薦低脂「生活型態改變」，建議用豆腐、烤雞、低脂乳酪、低脂牛奶和人造奶油，代替雞蛋、乳酪、奶油和紅肉。真噁心！另外，小冊子上還有降低膽固醇的三元素計畫：植物固醇、黃豆和水溶性纖維。植物固醇（如 Benecol 和 Take-Control；譯註：此為商品名，兩者皆是植物油加工製造的抹醬）有助於防止膽固醇的吸收、黃豆大概能降低膽固醇數值（但現在就連這點都受到質疑），而水溶性纖維能幫助降低腸胃道裡的膽固醇。如果你遵循這個計畫，茲亞積卡醫師保證你能減少 45% 的 LDL 和 35% 的總膽固醇。小冊子最後用他的話作結，這句話讓我覺得好笑：

「遵循我們的計畫以及低脂、低膽固醇的生活型態，可以將你的膽固醇濃度減低一半！只要記住，你在接下來的人生都要做到這些改變。」

接下來的人生都要過低脂、低膽固醇的生活型態？我才不要！我已執行過低脂飲食，但它在我身上完全起不了作用。我的低醣生活型態才真的能讓我好好保持健康，真是多謝你的建議。接受小冊子的計畫，意謂著拋棄幫助我減掉三位數體重並重拾健康的生活型態，我才不可能讓這種事情發生。

在離開醫師診間之前，我再次詢問檢驗其他種類 LDL 的事宜。代理的醫師助理再次否決這個想法（老實說，我的醫師也會說同樣的話），他說額外的檢驗太不可靠且花費昂貴，完全不需要費心考慮。他努力地阻止我進一步探究數值的行為，讓我感到既震驚又沮喪。還有多少很想挑戰傳統觀念──用史塔汀類藥物和低脂飲食治療高膽固醇──的其他患者，也正受限於這套作法，只能遵照我們託付健康的那些人所說的去做？

澄清時間

三酸甘油脂和 HDL 是測量某些人罹患心臟病風險的良好生物指標。我的高三酸甘油脂和低 HDL 的極端組合，讓我罹患心臟病的風險是一般的十五倍以上。

我不認為應該輕易地忽略這些生物指標，所以寧可自學它們對健康的意義。這就是為什麼我越來越清楚自己的體重增加的原因，以及我對不正常的血脂濃度能做些什麼。

——大衛・戴蒙

艾瑞克・魏斯特曼 醫師的證言

當我閱讀的文章、進行的研究和臨床追蹤的病人越多，我就越不考慮用傳統方法看待他們的血膽固醇濃度。我甚至不擔心血膽固醇，因為絕大多數的人基本上濃度都正常。

醫師學到（然後教給患者）的是，血中的膽固醇是壞東西、LDL膽固醇很糟糕或致命，以及HDL膽固醇是健康的。此外，因為製藥公司只有能力製造降低LDL的藥物，所以我們很少知道有關HDL的事。美國醫學界有鎮壓少數意見的習慣。或許是我們急切地想創造指導原則，也或許是製藥公司的競爭天性，讓我們忘記如何做真正的科學。

現實是，永遠都有一群科學家和臨床醫師從不相信這種膽固醇的錯誤解釋，如提出代謝症候群而聞名的傑拉德・瑞文（Gerald Reaven）醫師，以及推廣低醣、高脂飲食的羅伯特・阿金（Robert C. Atkins）博士，他們都強調降低三酸甘油脂和提高HDL膽固醇的重要性。當年他們做出這些宣告時並不知道原因，但是他們知道，處理這些血液成分，可能有助於患者解決肥胖和慢性疾病問題。現在，隨著科學日益精確，我們確實知道為什麼看三酸甘油脂和HDL這一對數字，比看LDL-C和總膽固醇來得重要。

澄清時間

光是依據總膽固醇，絕對不是好的醫學。那是一九六〇年代的想法，實際上是血脂學的石器時代。從那時至今，科學已經有戲劇性的進展。

——蓋瑞・陶布斯

我認為，焦點一直過度集中在 LDL 和總膽固醇，以致於三酸甘油脂有好一陣子逃過詳細檢查。簡單地說，高三酸甘油脂會觸發生成小而緊密的脂蛋白粒子，而現在我們知道，這種粒子是造成動脈硬化氧化和發炎過程的必要因子。

——馬克・希森

艾瑞克・魏斯特曼 醫師的證言

到目前為止，你已經知道體內的LDL-P如果大多是小型的，就不是件好事，因為這種LDL最終會導致動脈粥狀硬化。當三酸甘油脂很高，同時HDL膽固醇低時，這些小而緊密的LDL粒子便會大大增加。

如果你想從標準血脂檢查的內容判斷你的心血管風險，只要計算三酸甘油脂除以HDL膽固醇，評估三酸甘油脂對HDL的比例。這個數字跟判斷你是否有很多小型LDL粒子的關係密切。當三酸甘油脂對HDL的比例高時，小型LDL粒子就比較多。相反地，當三酸甘油脂對HDL的比例低時，就不會有太多小型的LDL粒子，意思是你的心臟病風險不高。

澄清時間

我第一個看的永遠都是三酸甘油脂。如果它們小於 100 且接近 50，我會覺得開心。最重要的是，我心目中理想的三酸甘油脂對 HDL 的比例，是接近或甚至小於 1。

——凱西・布約克

艾瑞克・魏斯特曼 醫師的證言

負責說明的人，通常需要對患者解釋所有意義，這跟翻譯外國語言沒有什麼不同。但是，就連醫學界的人——學到要注重LDL——都不了解三酸甘油脂對HDL比例的概念。

這就是為什麼我們需要教育醫師，好讓他們能夠幫助患者，正如我在臨床執業所做的事。像我這樣的醫師，需要做為基層的改變媒介，盡其所能地教育更多醫師同事和患者。

知道你的三酸甘油脂對HDL比例
對於評估心臟病風險相當重要

澄清時間

如果你沒有機會測量小型 LDL-P，那你該看的下一個最佳指標是三酸甘油脂和 HDL。你應該同樣注重這些數值，不要只依據你在膽固醇檢查中常見的指導語。三酸甘油脂高達 150 簡直沒有道理，你的目標應該是在 50 以下。至於 HDL，我要看到大約 50 或是超過才會滿意。理想上，我希望這個數值是 70 到 80 或更高。如果你的三酸甘油脂低而 HDL 高，那你雖然可能有小型 LDL，但應該不會太多。

——威廉・戴維斯

在你的膽固醇檢查中，是否曾十分注意三酸甘油脂或 HDL 的數值呢？你在看這本書以前，知不知道它們是什麼呢？多數人的答案都是「不知道」。但誠如共同作者魏斯特曼醫師先前所提，這兩個是相當重要的膽固醇檢查數值，你應該對它們更加關注。舉例來說，光看 LDL-C 或總膽固醇來預測心血管疾病的風險，效果遠不及看到你的「HDL 超過 50」和「三酸甘油脂低於 100」。**理想上，三酸甘油脂對 HDL 的比例是一比一。**想不想大膽猜測該做些什麼才能達到完美的平衡？**減少你的醣類攝取，並且增加你的脂肪攝取。**很熟悉吧？這句話已經像答錄機的開場白，能重複播放了！

澄清時間

膽固醇健康不良的最大指標，是血液中的三酸甘油脂濃度升高，這是判定總體代謝健康的最重要生物指標之一。三酸甘油脂和 HDL 膽固醇之間有很強的負相關。

——多明尼克・達古斯提諾

三酸甘油脂是血液中與心臟病和中風有關的一種脂肪類型，但你大概從沒聽過這種說法。醫療機構已經把全部精力都放在 LDL 膽固醇。大衛・戴蒙博士的自身經驗使他對此項的了解更加深刻，二〇〇六年以前，他高得驚人

的三酸甘油脂濃度實在是令人無法忽視。後來他逐漸了解，沒錯，產生三酸甘油脂的主要驅力，就是碳水化合物。

澄清時間

三酸甘油脂高的最常見原因，是吃太多碳水化合物。

——保羅・傑敏涅

高三酸甘油脂是細胞中能量代謝受損的一個指標，因為它們使用糖來做為燃料的能力下降。因此，身體必須保持血液中有高濃度的此種脂肪，才能讓無法得到糖的細胞有食物可吃。細胞沒有能力處理糖的原因，是因為它們沒有足夠的硫酸鹽（sulfate）。想要貯存糖，就必須有硫酸鹽，若是缺乏，最後的結局是高血糖和高三酸甘油脂。

——斯蒂芬妮・塞內夫

大衛・戴蒙博士的三酸甘油脂挑戰

對於三酸甘油脂濃度的一般建議是少於 150。在一九九〇年代後期，大衛・戴蒙博士的數值開始升高，到了二〇〇六年時，他的三酸甘油脂已經高達異常的 800！我們現在知道這個數字有多麼驚人，但是當年沒有人太過看重三酸甘油脂，所以他完全忽略這個數值。他的總膽固醇相對較低，只有 220，因此他覺得沒有問題。

然而，有些更明顯的事正在改變。戴蒙告訴我：「那些年我的體重一直增加，從大學畢業後大概多了二十五磅（約十一公斤）左右，隨著我的體重明顯超重，我越來越擔心自己的健康。體重增加或許是最重要的生物指標之一，因為這是哪裡不對勁的顯著徵象。」

二〇〇六年，他的醫師終於開始擔心。戴蒙除了三酸甘油脂濃度高，他的 HDL 膽固醇也非常低，原因竟然是高三酸甘油脂的遺傳體質。他的醫師告訴他，只能用藥物降低這些數字。然而，戴蒙希望能找到更自然的解決方法。於是他開始自我學習，偶然間遇到了一個永遠改變他的想法的重大體驗。

戴蒙表示：「提高三酸甘油脂的方法非常簡單，那就是吃單一碳水化合物。造成高三酸甘油脂的不是膳食脂肪，其實是糖！」

　　光是減少碳水化合物的攝取量，戴蒙博士就看到自己的三酸甘油脂從800 降到 150 以下。他從來都沒有服用任何藥物。他說：「有趣的是，我的HDL 膽固醇濃度也從極度低的 25，加倍升高到非常健康的 50。所以現在我的數值很棒，這全都要感謝我的飲食改變。」

▌HDL膽固醇與三酸甘油脂密不可分

　　HDL 絕對跟你攝取的碳水化合物有關，也跟脂肪的攝取很有關係。攝取較少醣類和較多健康的飽和脂肪（像是奶油、全脂動物性食物和蛋），可以良好地提高你的 HDL 濃度。如果這種經常伴隨低醣、高脂飲食出現的正面健康效果是用藥物達成，醫學界一定會大聲譽其為膽固醇和心血管健康治療中前所未見的最驚人突破。

　　然而，因為只是改變飲食，推廣它並無法帶來分毫收益，所以健康專家的反應完全是興趣缺缺。自然地改善健康和治癒疾病，當然應該比利益更重要，可惜世界卻不是這麼運作。雖然遺憾，但事實就是金錢蒙蔽了誰是好人的判斷和動機。

澄清時間

　　沒錯，飽和脂肪可能增加你的膽固醇，但主要是增加 HDL 膽固醇，並且製造更多大型蓬鬆的 LDL 粒子和更少的小型緊密的壞 LDL 粒子。

　　　　　　　　　　　　　　　　　　　　　　　　　　　——凱西·布約克

　　幸運的是，沒有人能阻止你對自己的健康負責。只要你去關切自己的三酸甘油脂和 HDL 數值，就是邁向健康的重大一步。

　　下一章，我們的專家將解釋一些值得注意的其他東西，或許有些你連聽都沒有聽過。緊接而來是滿滿的實用訊息，請做好準備，盡情地享受並且充分地吸收！

膽固醇跟你想的不一樣

▶ 醫師傾向忽略三酸甘油脂和HDL膽固醇。

▶ 開明的臨床醫師不再擔心傳統的膽固醇結果。

▶ 真正的科學應該質疑傳統觀念，但卻沒有發生。.

▶ 高三酸甘油脂和低HDL膽固醇，會導致壞LDL的濃度升高。

▶ 測量三酸甘油脂對HDL的比例，對於評估心臟健康相當重要。

▶ 攝取碳水化合物會驅使三酸甘油脂上升。

▶ 只要削減醣類，無須服用藥物就能降低你的三酸甘油脂。

▶ 多吃飽和脂肪以增加你的HDL膽固醇濃度。

▶ 如果低醣、高脂飲食是一種藥，它會被譽為是科學的重大突破。

Chapter 15

專家齊聚討論關鍵的心臟健康指標

截至目前為止，本書花了很大的篇幅解釋為什麼在提到心臟健康時，LDL 和總膽固醇數值的重要性被太過高估，而三酸甘油脂、HDL 和 LDL 粒子數值則被過於低估。我們也已強調，發炎和氧化是心臟病的真正凶手。此外，我們還揭開低脂飲食的迷思，揭穿富含醣類和滿是 ω-6 植物油的飲食有多邪惡。本書從頭到尾穿插出現的「澄清時間」，是我的專家們仔細說清楚想跟你分享的訊息。如果要說《膽固醇其實跟你想的不一樣！》的精神是什麼，那一定是這些醫師、研究者、營養學家和開明的健康大師帶給我們的智慧。因此，我想用完整的一章讓他們盡情發揮。

接下來是受人敬重的專家學者提出的智慧集錦。一旦你更充分掌握其中的內容，你一定會認為本章是全書最精采的部分。有些概念、想法和語言，你可能從未聽過。再次提醒，你不必擔心自己是否了解專家說的每一句話，我會在適當的時機加以解釋。現在，請準備接受震撼教育吧！

對於改變血脂和降低心臟病的風險可能影響最大。這一點呈現的是人們未曾在醫藥中感受過的個人力量。我們將意識到,自己不一定非得成為不幸家族基因的受害者,並且領悟自己可以藉由了解食物和運動的力量,來控制自己的健康。

——馬克·希森

如果你仔細研究進階血脂檢驗(LDL-P、ApoB,以及 LDL 的大小和密度),那麼心臟病就會變成碳水化合物的問題。只要你固著於 LDL 膽固醇是凶手的想法,那你就很可能會繼續怪罪飽和脂肪。

——蓋瑞·陶布斯

對我而言,最重要的是降低三酸甘油脂數值,因為它是真正隨著攝取加工碳水化合物、糖和反式脂肪而增加的數字。如果你能讓這個數字接近、甚至低於 150,你會看到健康整體的改善。

我也喜歡檢查糖化血紅素(hemoglobin A1c,HgA1c),這是測量一段時間內的平均血糖濃度,理想上,這個數值應該小於 5.0。當然,我很注意 C－反應蛋白(CRP)數值,這是系統發炎的徵兆,濃度應該小於 1.0。如果你的 CRP 升高,但是當時並沒有受到任何感染,那就表示發炎的是血管。

如果聽到有人的 CRP 濃度高且膽固醇濃度也高,我不會感到驚訝,因為這是你的身體正在把膽固醇送去修復問題。如果我看到個案的 CRP 濃度小於 1.0,我就不會擔心他的膽固醇濃度是多少。

真的很難向大眾傳遞這個訊息,因為他們的醫師只會警告他們,要注意膽固醇濃度。不過,只要我讓他們看到有些方法有用而獲得信任後,他們對我的信賴就會超過醫師。講到發炎時,我喜歡探究的是造成發炎的理由。如果個案有高濃度的 CRP,我希望能找出發炎的根本原因:抽菸、喝太多酒、攝取反式脂肪和加工醣類、接觸化學物質、高血糖、高血壓和壓力,全都可能促成發炎。前述幾項全都背離常見的醫學智慧——立刻把發炎怪在高脂飲食頭上。

——凱西·布約克

關於血脂，你最應該關心的是 HDL 和 VLDL，也就是三酸甘油脂濃度。當你的 HDL 濃度低而 VLDL 濃度高時，代表你的代謝系統出了毛病。這是潛藏問題（如胰島素阻抗和代謝症候群）的重要徵象，是你真正應該擔心能否控制的東西。它們是你的健康陷入危機的重要徵象。

——馬爾科姆・肯德里克

同半胱胺酸（Homocysteine）——一種蛋白質胺基酸——濃度升高是心臟病的危險因子，這個數值實際上是比 LDL 膽固醇更強的危險因子。而且，沒有藥物能在不使狀況變糟的情況下改善同半胱胺酸。同半胱胺酸非常有趣，因為它是硫酸鹽的前驅物。同半胱胺酸若要變成硫酸鹽，必須先出現氧化傷害。因此，同半胱胺酸會誘發通往心臟的血管發炎，跟斑塊一起困在動脈管壁裡產生硫酸鹽。

硫酸鹽不足是所有現代疾病背後的關鍵問題，一切都繞著這一點打轉。硫酸鹽不足的成因由三件事組成：因為食物加工造成食物中硫的可用性嚴重降低、接觸環境毒素，以及缺乏日曬。

我們的身體需要硫酸鹽，以解除我們從接觸塑膠、殺蟲劑和鋁得到的化學毒素。舉例來說，「嘉磷塞」（glyphosate）是「農達」（Roundup；譯註：常見的除草劑商品）的活性成分，廣泛用於除草劑中。嘉磷塞實際上會干擾硫酸鹽的運輸及合成。防曬產品通常含鋁，會干擾皮膚的硫酸鹽合成。陽光則能催化皮膚裡的硫酸鹽合成。因此，如果你不曬太陽且塗抹防曬產品，你的皮膚就不會產生膽固醇硫酸鹽。皮膚是為所有組織供應膽固醇硫酸鹽的主要來源，但是拜各種生活型態選擇之賜，我們的皮膚不再能執行它的任務。

——斯蒂芬妮・塞內夫

減少體內的任何發炎並且消除壓力，是降低膽固醇的最重要且最有效的方式。為了達到這點，你需要充足的睡眠、運動，以及最重要的正確飲食——我指的是改成低醣飲食。在我行醫的這些年中，我發現這是最有助於降低膽固醇濃度的一件事。

——佛來德・帕斯卡托爾

認為是感染造成心血管疾病的觀點，仍存有許多爭議。在粥狀硬化的動脈中，已經發現五十多種不同的細菌和病毒，但在正常的動脈裡完全沒有。急性心肌梗塞的症狀跟感染的症狀相同：低燒、沉降率（sedimentation rate）升高，以及白血球增多。動脈粥狀硬化的組織通常會紅腫，所以現今許多研究者相信，動脈粥狀硬化是由發炎造成的。我們不同意這個說法，而是認為發炎是感染的結果。發炎有其必要，因為它是我們的身體對抗感染的方法，因此使用抗發炎藥物的所有試驗已經造成更多的心肌梗塞。

——烏弗・拉門斯可夫

事實很明顯，測量膽固醇濃度無法告訴你太多有關心臟病的風險。就算它能讓我們知道一些什麼，我應該對膽固醇升高的訊息做何反應呢？我自己不太可能服用史塔汀類藥物，因為我從中獲益的機會十分微小，但出現有害副作用的風險卻高上許多。如果我想維持心臟健康，或許我會很努力地多吃天然未加工的食物、常常活動、達到理想的維生素D濃度、不要抽菸等。但我已做了所有一切。換句話說，知道我的膽固醇濃度，並不會造成任何改變，所以沒有必要知道它。這就是為什麼當我被問到我的膽固醇濃度時，我說：「我不知道，而且也不需要知道，因為它不會影響我如何管理自己的健康。」

——約翰・布里法

已經有數十個研究在一般人口中完成（受試者多達數十萬人），匯集的結果指出，總膽固醇對 HDL 膽固醇的比例，是單獨基於血脂的心血管疾病和死亡率的最強指標。

——克里斯・馬斯特強

HDL 非常好，你也希望你的 HDL 很高，但不該人為地使用藥物提高。你可以透過削減碳水化合物、增加攝取脂肪並且加上運動，自然地達到這一目標。

——大衛・戴蒙

食用「一整隻」動物能讓你獲得所需的微量營養素。得到好的微量營養素並且改善腸道健康，對於健康的血脂分析相當重要。

——保羅・傑敏涅

我會尋找各種東西。我喜歡看到的 HDL，是比多數實驗室認為「正常」的數值至少多 10 分的牢靠又好的數字。三酸甘油脂應該小於 150；我不完全相信三酸甘油脂必須小於 HDL 數值，只要它們低於 150 就好。最後，我會檢查空腹血糖和糖化血紅素。

——凱特・莎娜漢

如果你的三酸甘油脂對 HDL 膽固醇比例的約略計算並不正常，那就值得花錢檢驗 ApoB 或 LDL-P。美國的任何實驗室都可以檢驗 ApoB。糖尿病、糖尿病前期和胰島素阻抗的患者特別有風險，應該定期進行這項檢驗。跟 ApoB 和 LDL-P 有點不太一致的傳統膽固醇檢查，是否有任何可預測性？它可用來計算總膽固醇減掉 HDL 膽固醇，以得出非 HDL 膽固醇。理論上，在 HDL 的膽固醇應該不至於傷害你，因為 HDL 不會把膽固醇運送到動脈管壁，所以我真正感興趣的是你的 ApoB 膽固醇。非 HDL 數值能讓你知道你的 ApoB 膽固醇數值。這就是為什麼非 HDL 膽固醇是比 LDL 膽固醇更好的生物指標，一般人都應該看非 HDL 這個計算數值，而不是 LDL-C 數值。

——湯瑪士・戴斯賓

如果你還將 LDL 視為「壞」膽固醇，那麼你大概落後了三十年，我們大約在二十年前發現 LDL 有不同的形式。對於多數的肥胖和糖尿病患者，真正的壞膽固醇——小型緊密的 LDL 粒子——可能才是主要的問題。既然如此，我們該如何預測小型緊密的 LDL？

最簡單的方法就是看你的三酸甘油脂高不高，HDL 低不低。高的三酸甘油脂和低的 HDL，預示了肥胖和代謝症候群即將發病，這是已經確定的糖尿病前期狀態。

——肯恩・施卡里斯

很多人害怕做這樣的改變，但你可以藉由逐漸減少史塔汀類藥物的劑量，同時嘗試能有效增進整體健康的營養改變，以降低你的心血管代謝風險。看看你的三酸甘油脂、HDL，甚至是 LDL 粒子或 ApoB 數值，評估你的成效為何。這個方法能讓人淺嘗新的思維模式：減少發炎而不是降低膽固醇。

——菲利普・布萊爾

胰島素阻抗非常重要，因為它是動脈粥狀硬化的根本原因。隨機血糖濃度超過 120、小型粒子或 B 型 LDL 膽固醇很多、剩餘的脂蛋白、C －反應蛋白（CRP）濃度升高、GlycoMark（譯註：檢驗 1,5- 脫水葡萄糖醇值，是血糖控制情況的良好指標，結果越高表示控制越好）低、A1c 大約是 5.0 到 5.3，看到這些，會讓我想更認真地激勵患者。你不一定真的需要進行花俏的進階血脂檢驗，任何的標準血脂檢查都找得到三酸甘油脂、HDL 和非 HDL 數值。

——拉凱什・帕特爾

找找心臟病的潛在遺傳原因。現在的發現越來越多，但有兩個遺傳原因最為常見：脂蛋白 (a)（Lipoprotein(a)），我認為它是造成心臟病的最強原因，卻沒人在乎；以及過度表現小型 LDL 的遺傳傾向。

——威廉・戴維斯

與高血糖和胰島素有關的促發炎路徑增強，將比高膽固醇更有害於你的心血管健康。

——多明尼克・達古斯提諾

在美國常做的標準膽固醇檢驗，是我在評估心血管風險時的最後才會看的東西。而我從中想知道的第一件事，是三酸甘油脂對 HDL 的比例。談到當前的健康狀態時，這個比例是整個血液檢查中最有意義的數字，也是胰島素阻抗和昂貴的膽固醇粒子檢驗的最佳替代品。粒子檢驗是唯一有實際價值的膽固醇檢驗，因為它讓你知道 LDL 和 HDL 粒子的數量

和大小。如果你無法進行粒子檢驗，三酸甘油脂對 HDL 的比例也是很好的指標。這個數字高，幾乎永遠表示你有許多小型緊密的 B 型 LDL 粒子（不好的粒子類型）。然而，光是 LDL-C 數值並沒有什麼意義。

——喬尼・鮑登

膳食膽固醇並不是心臟病的問題。我在一九七九年一月出刊的《美國臨床營養學期刊》發表的研究已經證實這點。你可以用尿液檢驗檢查氧化 LDL。

——弗萊德・庫默勒

「史塔汀類藥物用於預防的理由：評估瑞舒伐他汀的介入試驗」（Justification for the Use of Statins in Prevention: an Intervention Trial Evaluating Rosuvastatin，JUPITER）研究證實，心血管風險的最佳指標是偵測發炎的 C －反應蛋白。該研究關注的對象是一群膽固醇濃度低於 130 而 CRP 升高的人，這群人有一半服用史塔汀類藥物，另一半則服用安慰劑。降低發炎是預防心臟病的關鍵。

——杜安・格拉韋林

我總是談論在臨床醫學上如何花最小代價獲得最大利益，對我而言，最根本的是顯現發炎程度和氧化壓力的基本檢驗。因此，我會尋找胰島素阻抗的指數。檢查腎上腺功能和甲狀腺功能也很重要。

——傑佛瑞・格伯

一般大眾與其擔心膽固醇，倒不如開始注意自己的飯後血糖。對我而言，健康的關鍵是把飯後的血糖濃度控制在 140 以下。想一想糖尿病患者，他們有間歇的慢性高血糖症，他們的內皮細胞——在一組特別脆弱的區域——生病和死去。他們會失明、失去腎功能、截肢、死於早發性心臟病，而且還有神經病變。這些情況會發生，是因為這些內皮細胞全都無法像身體的其他部分那樣，能夠抵抗葡萄糖的猛烈攻擊。與其試圖用藥物修改全部的代謝路徑，何不嘗試消除飲食中的糖呢？我們在醫學文獻

中，看到越來越多將胰島素濃度和疾病連結在一起的訊息，卻沒有人問我們胰島素濃度為什麼變高。

——德懷特・倫德爾

從頭看起，總膽固醇是最不可靠的血脂指數，LDL 膽固醇也不算是太好的指標。非 HDL 膽固醇比較好，LDL 粒子濃度甚至更好，你還可以加上 ApoB 濃度，因為它們非常相似。

——羅納德・克勞斯

去除你生活中會導致發炎的毒素：食物、空氣和水中的化學物質；家庭清潔產品；化妝品和個人衛生用品；藥品和保健食品；病原體；基因改造生物；氧化膽固醇；多元不飽和油，以及重金屬。

——羅恩・埃利克

如果要我縮減到只有少數的檢驗，我會把一個人的腰圍、尿酸、空腹胰島素和血脂分析，看成一般的代謝篩檢。

——羅伯・魯斯提

人們通常會問我：「如果造成心臟病的不是膽固醇，那是什麼呢？」基本上，我會告訴他們有四件事：維生素缺乏，特別是 A、D、E 和 K_2，以及維生素 B_6、B_9 和 B_{12}；低脂飲食，通常表示攝取高醣與低飽和脂肪；多元不飽和脂肪，還有壓力。前三個因素當中，對心臟病有特別不良影響的是缺乏維生素 K_2。

——唐納德・米勒

艾瑞克・魏斯特曼 醫師的證言

關於代謝風險的評估，首先檢查的是血清葡萄糖，然後是血清三酸甘油脂和 HDL，接下來如果可能，則是 LDL 的尺寸，看看它們是大、是小？我知道這是一本談論膽固醇的書，但是只關注膽固醇而不注重葡萄糖，可能不夠完整。

　　誠如你所見，所有重要且開明的健康專家都得出相同的結論：將 LDL 和總膽固醇視為心臟健康狀態的主要指標，簡直是偷懶且荒唐可笑。還有更重要的東西必須注意，而在第六章中，我們已談過為什麼多數醫師堅持這種過時、老舊的膽固醇理論。

膽固醇跟你想的不一樣

▶ 食物是最強而有力的「藥」。
▶ 相較於總膽固醇，三酸甘油脂、A1c和CRP能告訴我們更多有關於心臟健康的事。
▶ 為了理想的健康，需要控制同半胱胺酸濃度。
▶ 感染可能導致發炎增加，結果造成心臟病。
▶ 高HDL膽固醇是件好事。
▶ 脂蛋白(a)和小型LDL的遺傳傾向，經常被忽略。
▶ 檢驗尿液中的氧化LDL，是每個人都應該要做的事。
▶ 檢查胰島素和血糖，以此評估整體的代謝健康。
▶ 腰圍和尿酸濃度的測量值，是整體健康的絕佳指標。

Chapter 16

我的膽固醇太低是什麼意思？

澄清時間

沒有人在研究總膽固醇濃度低（140 或 130 左右）會造成什麼問題。因此，很少有文獻提到這點。然而，我們確實知道，膽固醇低的人可能罹癌的風險比較高，而且激烈自殺的天生傾向也比較高。

——克里斯·馬斯特強

本書的多數內容一直在討論普遍持有的信念，亦即高膽固醇讓你更有可能發生心肌梗塞或罹患心臟病。然而，你是否曾停下來想想，膽固醇濃度過低會造成什麼影響？沒有太多醫師在討論這點，但有越來越多的證據顯示，低膽固醇對於健康的威脅可能比任何人（包括你的醫師）以為的更嚴重。

澄清時間

瘦的人、胖的人、馬拉松選手，全都會得到心肌梗塞。就長跑的人來說，大概是因為他的膽固醇太低。低膽固醇比高膽固醇更糟糕許多。膽固醇是體內所有細胞的一部分，對於保持這些細胞的健康扮演著重要的角色。因此，對於需要降低膽固醇和減少吃進的量，難道你不覺得荒謬嗎？

——佛來德·帕斯卡托爾

我的一個教會朋友告訴我，醫師說他的膽固醇數值絕佳。他的總膽固醇是 112，其中的 HDL 是 32。我的朋友有點擔心他的 HDL，因為這個數值的理想範圍應該高於 40。我向他說明，雖然他的 HDL 確實可以更好，但他的

總膽固醇過低可能才是更大的隱憂。他告訴我，他的血糖和血壓都不錯，但是他的祖父在六十二歲時死於心肌梗塞。有趣的是，他的總膽固醇也低。這兩者之間是否可能有關聯呢？

▍低膽固醇的黑暗面

　　本書的專家之一克里斯・馬斯特強博士，透過史密斯－藍利－歐比司症候群（Smith-Lemli-Opitz syndrome）的症狀研究，探討低膽固醇的議題。患有這種遺傳疾病的人無法製造足夠的膽固醇，因此他們的膽固醇濃度非常低。他這麼描述這些人的生理狀況：「他們容易出現顱面畸形及各種身體部位的畸形，如手指和腳趾，心臟和其他內臟器官也有問題；也容易有嚴重的消化障礙、非常嚴重的視覺缺損、感染的風險大幅增高，另外還有與自閉症、心智遲緩、發育不良，以及攻擊性和自殘行為相關的可怕神經發展。」

　　史密斯－藍利－歐比司症候群患者的治療方法，是在飲食中加入大量的奶油和蛋黃。但不幸的是，此症候群也會有消化不良的問題，所以他們必須服用美國食品藥品管理局認證的補充劑來提高膽固醇（沒錯，提高膽固醇！）。飲食和補充劑雙管齊下，基本上能逆轉史密斯－藍利－歐比司症候群的症狀。馬斯特強博士認為，這一點證實了體內有足量的膽固醇濃度是相當重要的，他說：「我們能從中了解，膽固醇在許多方面都扮演著極重要的角色，包括腦部、神經發展、心智健康，臉部、四肢和器官的適當發育，抵抗感染、適當消化等，基本上是跟生命有關的一切。」

澄 清 時 間

專家對於膽固醇的所有討論都傾向忽略證明 LDL 膽固醇濃度「正常」的人有一半發生心肌梗塞的研究，這不是很方便嗎？醫學工業對此的反應是，降低更多、更多的膽固醇！

——菲利普・布萊爾

　　許多發生心肌梗塞的人，膽固醇濃度是一般視為健康的程度。但這種誤

導的想法，已經導致太多的不幸。二〇〇八年，《與媒體見面》（*Meet the Press*）主持人提姆・拉瑟特（Tim Russert）的早逝，就是最知名的例子。

澄清時間

我認為，我們有理由問問究竟應不應該讓人做例行的膽固醇篩檢。目前的首選指數是 LDL 膽固醇。但 LDL 濃度對於心臟病是不太可靠的指標，因為發生心肌梗塞的多數人有正常或低濃度的 LDL 膽固醇。

——約翰・布里法

▌拉瑟特的「完美」膽固醇數值

提姆・拉瑟特的第一次心肌梗塞發作，是在他為主持的節目《與媒體見面》做準備時，那次就立刻要了他的命。當時他才五十八歲。諷刺的是，拉瑟特向來遵照醫師的一切囑咐，盡力地預防心肌梗塞：服用史塔汀類藥物，還吃另一種降血壓藥，而且每天騎健身單車。這個故事最令人震驚的部分是：他的總膽固醇只有 105！然而，他的第一次心肌梗塞就如此致命。

澄清時間

當膽固醇濃度降到 200 mg/dL 以下時，你的免疫功能就被壓抑，可能對健康產生負面效應。隨著膽固醇濃度下降，死於癌症和傳染病的風險跟著劇烈升高。全世界幾乎所有健康的人，總膽固醇都超過 200 mg/dL。少數人帶有基因突變，造成他們的低膽固醇。但一般而言，低膽固醇代表要不是飲食缺乏脂肪（如吃素或吃全素），就是有某種健康問題（像是感染或甲狀腺機能亢進）造成膽固醇下降。

——保羅・傑敏涅

根據拉瑟特的醫師所說，他沒有第二型糖尿病，也沒有任何血糖問題。他的 A1c 在正常的範圍，而膽固醇狀態非常健康。無論從哪一點來看——根據現代醫學看待紙上健康的慣例——他都是完美的健康典型。

　　拉瑟特過世之後，我們現在知道他有冠狀動脈疾病，而且在接受治療，但是他的醫師顯然不知道嚴重程度。然而，即便他知道，治療程序也很可能是更高劑量的史塔汀類藥物、飲食中的脂肪更少，或許還加上更多的運動。十之八九，這些所謂的審慎策略沒有一個能預防他的心肌梗塞，及早避免他這麼年輕就不幸過世。

澄清時間

對女性而言，膽固醇越高、活得越久；這兩者之間有直接的關係。女性其實應該擔心膽固醇不足的問題，而不是膽固醇過量的問題。人們因為已經太過相信「過量的膽固醇不好」，很難相信有膽固醇不足的問題，甚至無法改變想法，以這樣的方式思考。

——斯蒂芬妮・塞內夫

　　多數醫師會看看拉瑟特的總膽固醇數值，然後說他非常健康。他們會讚頌史塔汀類藥物的優點，慶幸它能人為地將他的膽固醇數值降到所謂「令人滿意」的範圍。

　　然而，這些藥最後對他的好處是什麼呢？他的死讓人感到疑惑和不知所措，但似乎沒有人感到憤怒。我覺得這樣的反應太奇怪了，人們應該感到憤怒，但他們為什麼不呢？拉瑟特不只是健康被現代醫學搞得更糟，甚至是他的死亡幾乎完全可以避免！

澄清時間

當我們還是個非胰島素阻抗病症盛行的國家時，我們必須處理的只有遺傳的脂質失調。我們的高膽固醇濃度，與 ApoB 或 LDL-P 有密切關係。但是當我們開始吃太多的碳水化合物時，我們的胰島素阻抗基因突然間開始自我表現，使我們走向三酸甘油脂分子開始侵入 LDL 和 HDL 的境地，由此取代膽固醇分子。

結果是，膽固醇雖然看起來很棒，但之後你會像提姆・拉瑟特一樣突然死亡。他的高三酸甘油脂，造成了低的總膽固醇和 LDL-C，以及非常高 ApoB 和 LDL-P，自相矛盾地因為降低 LDL-C 而提高心血管疾病的風險。

不幸的是，他還有大量破裂的動脈粥狀硬化斑塊，導致血栓、冠狀動脈閉塞，以及心肌梗塞。

如果治療這種患者的臨床醫師能多加注意非 HDL 膽固醇，就不會斬釘截鐵地向患者保證，他們很棒的低 LDL 濃度能保護他們免於致命的心肌梗塞。提姆・拉瑟特就像許多的胰島素阻抗和第二型糖尿病的患者：身陷極大的危機。

——湯瑪士・戴斯賓

低膽固醇對你的心臟和大腦有負面影響

有項研究發表在二〇〇七年一月二十二日出刊的醫學期刊《實驗室研究》，結果揭露出一個有關低膽固醇的恐怖事實。這是杜克大學醫學中心（Duke University Medical Center）小兒科暨細胞生物學的助理教授李寅雄（Yin-Xiong Li，音譯）博士所進行的獨立經費基礎科學研究，他用斑馬魚胚胎來探討膽固醇補充劑對胎兒酒精症候群的預防。研究發現，膽固醇在組織和器官修復中扮演著極關鍵性的角色，特別是膽固醇有助於產生幹細胞。如果膽固醇太低，血管會變得比較硬，更有可能破裂。根據這項發現，李博士推斷史塔汀類藥物很危險，原因就是它們降膽固醇的效果。此外，如果膽固醇的濃度過低，死亡的風險會上升。李博士也表示，體內有適量和對的膽固醇相當重要。因此，不應該把濃度降低到一個武斷的數字——200。

澄清時間

大腦只占身體質量的 2%，卻有 25% 的身體膽固醇。這一點指出了，大腦實際上應該需要膽固醇。膽固醇對突觸——將訊息從一個神經元傳到另一個——極其重要。你不希望你的大腦缺少膽固醇。這有可能直接導致阿茲海默症（Alzheimer's disease）。

——斯蒂芬妮・塞內夫

換句話說，膽固醇能幫助我們的身體痊癒。沒有適量的膽固醇，我們就

無法修復發炎或抵禦感染。它對大腦的功能也影響深遠。除此之外，它還會影響到調節我們心情的血清素。確實，不良的心智副作用與低膽固醇濃度有關，這些狀況可能相當有創傷性，從自述報告可以看到強烈痛苦的頻繁發作和自殺行為的可能性更高。這就是為什麼抗憂鬱藥物容易提高膽固醇濃度。現在請想一想，醫師促使患者——特別是年長的患者——將 LDL 降到 100，甚至 70 以下，可能導致什麼嚴重的後果。很可怕，對吧？

澄清時間

如果你用史塔汀類藥物降低體內的脂蛋白數量，就是在阻止理想的治療物質做它們的工作。LDL 和 HDL 膽固醇濃度同時都高會有好處。低膽固醇的人有較高的感染風險，癌症也跟低膽固醇有關，大概是因為至少 20% 的癌症是微生物所造成。超過二十個研究證實，高膽固醇的老年人活得最久；我還沒有看過任何研究反駁這一點。有些心臟科醫師嘲弄我對高膽固醇的主張，他們的反應是說那些高膽固醇的人已經過世。然而，他們忘記死於心肌梗塞或中風的人，有 90% 以上超過六十五歲。

——烏弗・拉門斯可夫

▌膽固醇教化已讓我們相信越低越好

對於挑戰我的膽固醇觀點的人，我的簡潔回應是：「請證明它不健康！」他們無法證明。如果任何人質疑你，問問他們這個簡單的問題：「你能不能提供任何科學證據，證明罹患心臟病的風險增加與膽固醇濃度升高之間有絕對的關係？」事實是沒有任何證據。反倒是有一個又一個的研究證明，**膽固醇濃度太低比較危險**。

澄清時間

總膽固醇濃度介於 160 到 240 mg/dL 之間的人，死亡率曲線基本上是平的。事實上，有些證據顯示，濃度越高、活得越久。

——馬爾科姆・肯德里克

幾十年來一直倡導高膽固醇的危險和低脂飲食的假想益處，這種單一思考使人相當難以相信吃飽和脂肪實際上有益健康。

我承認，我也費了一番努力才接受這個概念。然而，只要看看成功的結果，你就會深信不疑，接著想大聲向全世界宣告！

澄清時間

當你看看探討膽固醇的研究時，你會發現，少有證據顯示降低膽固醇對你有任何好處。然而，有許多證據證明，膽固醇濃度較低實際上對你有害，不過這些證據往往被忽略。超過二十個研究證明，低膽固醇的人活得比高膽固醇的人短。他們就是退化得比較快。

——唐納德・米勒

在第十一章中，我們已一一檢視九個最顯著的理由，告訴你為什麼可能有高膽固醇。請記住，高膽固醇本身不是疾病。不過，它當然可能是個徵象，暗示你的體內有什麼出了狀況。

膽固醇跟你想的不一樣

▶ 低膽固醇其實比高膽固醇更危險。
▶ 遺傳上膽固醇過低的人，會經歷可怕的生理副作用。
▶ 將膽固醇加回體內，基本上可以逆轉這些症狀。
▶ 提姆・拉瑟特在五十八歲時死於心肌梗塞，那時他的總膽固醇只有105。
▶ 大多數醫師看到拉瑟特的數值，會認為他很健康。
▶ 相較於膽固醇過高，膽固醇過低者有死於心肌梗塞或中風的更大風險。
▶ 低膽固醇可能導致焦慮、憂鬱，甚至是自殺的念頭。

Chapter 17

難道膽固醇指南不是根據堅實的科學？

如果多數醫師使用的膽固醇指南，背後沒有廣泛、透澈且最新的研究支持，為什麼醫師和他們的患者如此信賴它呢？這個問題應該好好討論。

▌ATP指南試圖為膽固醇治療設定標準

醫學界以外的多數人甚至不知道有膽固醇濃度指南存在。但它們確實存在：醫師手上都有國家衛生研究院的「國家膽固醇教育計畫」提供的「成人治療指引」（Adult Treatment Panel，ATP）。

澄清時間

所有膽固醇指南都有這樣的慣性，特別是在生產史塔汀類藥物而大發利市的工業。人們不願碰觸這一點，因為會造成相當巨大的衝擊。過去二十年來，我們一直努力嘗試不要把一半的人口都標記有罹患心臟病的風險。然而，決定膽固醇臨界點的委員會在健康體制無法承受負擔的時候，擔心的卻是必須治療一半的人口。我們需要讓健康體制可以管理且負擔得起。

——肯恩・施卡里斯

　　ATP 指南自述的目的是「偵測、評估和治療成人的高血膽固醇」。美國國家衛生研究院讓這句話聽起來真的是既官方又權威啊！美國農業部也是如此，他們吹噓「美國人飲食指南」（Dietary Guidelines for Americans，「我的餐盤」的基礎）提供完美的飲食方法。

　　不要讓我起頭，否則我會說個沒完沒了，所以就先舉這兩個例子。他們的意圖或許很好，但執行方法卻恐怖的不得了。

澄清時間

這個科學領域的問題是，你可以推測出幾乎一切，然後都找得到資料來支持或反駁。

——蓋瑞・陶布斯

　　ATP III 指南執行綱要（ATP III Guidelines Executive Summary）的報告引述一長串的醫師、博士和研發人員的言論。這些「專家」是為了讓報告提出的觀點——在美國關於治療高膽固醇患者的最終決定觀點——具有合法性。

　　以下是根據這些指南，期待醫師在治療患者的膽固醇濃度時，應該遵守的一些建議：

- LDL 膽固醇濃度應該低於 100 mg/dL。
- LDL 膽固醇是「降低膽固醇治療的主要目標」。
- HDL 膽固醇濃度應該高於 40 mg/dL。
- 總膽固醇濃度低於 200 mg/dL 才是「理想」的。

- 隨著史塔汀類藥物日漸便宜，服用的人應該更多。
- 減少攝取飽和脂肪與膽固醇是絕對必要的。
- 碳水化合物應該占每日熱量的 50% 到 60%。
- 增加身體活動和管理體重相當重要。
- 轉診去看營養師，獲得更多營養方面的指導。

實在是讓人相當生氣。這些被奉為膽固醇絕對真理的內容，據稱是根據堅實、廣泛的研究。可惜不是！既然不是，何必要破壞美好的現狀呢？這似乎是醫學界和政府最最仰賴的應變理念。問題是，他們在過程中把我們的健康亂搞一通。

澄清時間

無論你怎麼看，都能明顯發現這些資訊真的完全錯誤，而且沒有任何的證據支持。但驚人的是，它們已強大地滲入人類的潛意識。

——馬爾科姆・肯德里克

他們一直錯誤引用安塞爾・基斯的研究，這個研究並沒有區別總膽固醇變化。然而，它卻持續出現在非常重要的文獻，像是 ATP III 膽固醇指南。這些應該是關於膽固醇指南的根基，如果你在醫學會議中質疑這一點，醫師們全都會輪流說你不對。這就是藥廠在對醫師說「你必須讓總膽固醇數值下降」時使用的手段。然而，這一切大多根據的是沒有經過適當分析的老舊資料。

——凱特・莎娜漢

ATP IV 指南不可能變得更好

本書訪談的幾位專家，對於即將在二〇一四年出版（譯註：本書原文版初版日期為二〇一三年）的 ATP IV 指南相當悲觀。事實上，長期研究 LDL 粒子檢驗相關性的羅納德・克勞斯醫師說，改成只做「基於實證」的建議，意謂著新的指南可能會遭遇重大的麻煩。

他告訴我：「他們一直拚命想為用於血脂管理的建議做出實證研究，但部分問題是，製作指南需要的證據等級通常相當困難，不太可能在臨床的環境中達到。」

克勞斯醫師提到，這是「發展實證指南的巨大挑戰，因為沒有人打算做研究，去檢驗某一營養素對心臟病結果的影響，特別是以一般人口為對象。因為耗費的時間和經費，多到幾乎不可能實現。」

因此，多數研究離充分審查還遠得很。克勞斯醫師說：「（創造 ATP 指南）的人小心翼翼地走在真正肯定的證據之前，但他們沒意識到，我們有些人一直以來始終走在證據之前。你帶著你擁有的最好訊息向前。」

克勞斯醫師承認，一部分的挑戰是新資料可能打亂了慣例，這樣可能破壞醫學界的信譽。然而，這是科學不可或缺的必要部分。他說：「我們有時會改變我們的心意，而且我們需要有能力這麼做。否則，你絕對無法學到任何東西。」

澄清時間

刊登在《科學》期刊的廣告，吸引新的科學家前往其他國家，因為美國心臟病研究經費多數已經耗竭。

以前每年我有二十萬美元的費用支持我的研究，然而在過去三年，我必須自掏腰包，花十七萬五千美元保住在我研究室工作的兩個人。現在要申請經費，真的相當困難。

——弗萊德・庫默勒

湯瑪士・戴斯賓醫師同意這個過程將會很慢。他說：「ATP IV 膽固醇指南不會來得太快，因為『國家心肺與血液研究所』（National Heart, Lung and Blood Institute）還在審查。一旦這些人簽字同意，將交由全國各地的專家進行所謂的公眾評論，最終才能出版。」

遺憾的是，當指南終於確定能出版時，戴斯賓醫師相信它們還是沒有用處，因為「指南只能建議具有第一級證據的內容，意思是受過大型、隨機、雙盲臨床試驗檢測的任何一切」。很不幸，這種全面性的試驗並不多見。戴斯賓醫師說：「ApoB、LDL-P 和非 HDL 膽固醇之類的實驗室測量，從來沒

有經過這樣的檢測，而且也沒有人打算去做。當他們在二十年前進行膽固醇指數的這些試驗時，全都是針對 LDL-C，因此具有第一級證據的唯一指數是LDL-C。」

澄清時間

制度壓力和責任壓力相當巨大。我們現在根據的是實證醫學，而且基本上簡化到治療數字。因此，多數醫師再也不願多花心思。面對患者已經夠忙了，他們不想惹上麻煩。

——德懷特・倫德爾

　　戴斯賓醫師告訴我，降低 LDL-C 數值的焦點，未來甚至會更受到關注。他說：「許多人懷疑，新的指南打算說的不只是『如果你的膽固醇高，服用史塔汀類藥物不就得了。』真是可悲。」

　　強調營養醫學的紐約市家庭醫師佛來德・帕斯卡托爾同意戴斯賓醫師的說法。他也對於持續只將 LDL-C 視為膽固醇濃度升高的主要治療方法，感到相當失望。他說：「ATP IV 膽固醇指南打算提出的最新建議是，他們希望你的 LDL-C 低於 70。我認為這麼做只是在殺人，這點將從死亡率上升看到。」

　　帕斯卡托爾醫師相信，聚焦 LDL-C 只有一個合理且狡猾的原因：「整個膽固醇迷思存在的唯一理由，是因為我們有藥物可以治療。因此，如果我們有藥，為什麼不使用它呢？製藥公司已經說服全世界，需要服用史塔汀類藥物完全是因為已經有藥了。」

　　拉凱什・帕特爾醫師告訴我，二〇一四年全面生效的新「平價醫療法案」（Affordable Care Act）需要醫師「負起更大的責任」，不只是為患者的健康負責，還要為提供照護所需的費用負責。

　　帕特爾醫師說：「ATP III 膽固醇指南考慮到檢驗費用與患者受益的關係。這就是 ATP IV 膽固醇指南或許不建議進階血脂檢驗的其中一個原因：做這些檢驗可能很貴。」

　　在完美的世界裡，醫師和患者得到的膽固醇指南應該是基於堅實且新近的科學才對。

　　然而，這種情況不太可能發生。只要史塔汀類藥物還是一門大生意，政

府和醫學界就不可能擺脫現狀，或是投資研究來反駁「膽固醇－心臟假說」。
因此，ATP IV 膽固醇指南不可能有絲毫接近最終決定，根本還差得遠呢！

膽固醇跟你想的不一樣

▶ 許多人認為，膽固醇建議的背後有堅實的科學研究支持。

▶ ATP指南仰仗頂尖的醫學和研究專家。

▶ 二〇〇二年出版的ATP III指南中，只將LDL-C視為心臟病的主要指標。

▶ 預計在二〇一四年現身的ATP IV 指南，只接受第一級證據。

▶ 獲得「基於實證」的建議，是不可能達成的目標。

▶ 進階膽固醇檢驗絕對無法被充分研究。

▶ 持續關注LDL-C，只會被用來行銷史塔汀類藥物。

▶ 除非你還擔心它很重要，否則停止做膽固醇檢驗。

Chapter 18

醫師如何（錯誤）解釋你的
膽固醇檢驗結果？

當你去看初級診療醫師並做膽固醇檢查時，大概會假設醫師用的是一些花俏、精密、現代的方法。然而，實際上此過程的原始和簡單，令人難以置信，甚至可說是今日典型醫療執業中最不科學的部分。

如果你的膽固醇檢驗顯示總膽固醇數值高於 200 或 LDL-C 高於 100，以下是醫師可能給你的建議：

- 吃「健康飲食」，定義是減少飽和脂肪與膽固醇的攝取量，同時多吃魚、大量的蔬菜水果，以及許多富含纖維的「健康」全穀類。此外，

選擇低脂替代品，如人造奶油和脫脂乳製品，並且減少攝取紅肉、蛋、全脂乳酪和鈉。

● 服用降膽固醇藥物（如史塔汀類藥物），它會很快地降低你的膽固醇。如果你無法耐受這些藥品，就服用菸鹼酸或是吃強化食品，像是人造奶油、柳橙汁和米漿。

● 每天至少運動三十分鐘，提高你的 HDL，並降低三酸甘油脂。

澄清時間

關於膽固醇的真相就在那裡，等待你去發現（譯註：The truth is out there 是影集《X 檔案》片尾出現的一句話，意思是真相遠在天邊、近在眼前，或許當局者迷，但只要去找，它就在『那裡』等你）。人們需要了解的是，媒體用某種方法散布膽固醇會傷害我們的想法。

諷刺的是，膽固醇實際上有益健康而且你需要它，例如，它構成荷爾蒙，包括睪固酮和雌激素，還有維生素 D。膽固醇也是一種脆弱的分子，如果高濃度的狀況維持太久，或是有壓力或攝取太多的糖，它就可能瓦解。

——大衛・戴蒙

　　誠如我們已在本書多次說明的，這種根深柢固的傳統醫學智慧，其實是徹頭徹尾的錯誤。然而，對於 LDL 和總膽固醇的執著，幾乎強求所有醫師都要據此行動。早在二〇〇五年，我也受到這一切常見的錯誤訊息支配，當時醫師發現我的總膽固醇超過 200，而 LDL-C 超過 100。那是我在減掉一百八十磅（約八十二公斤）且讓健康恢復常態後，第一次去看醫師。我完全能想像醫師看到我在二〇一三年四月的檢查結果——總膽固醇是 310 和 LDL-C 是 236——會說些什麼。他一定會開最高劑量的史塔汀類藥物給我！

　　心臟外科醫師德懷特・倫德爾記得膽固醇在什麼時候變成心臟病的焦點，那是在一九七〇年代早期。當時他才剛開始執業行醫。倫德爾告訴我：「突然之間，我們從完全沒有，變成有兩個新興的心臟病療法。我們有膽固醇治療，從菸鹼酸、安妥明（clofibrate；譯註：治療高血脂的藥物）和這類的東西開始。我們還有冠狀動脈繞道手術。在我的職業生涯中，已經看過一萬五千條冠狀動脈內部，我也看到裡面的廢物。確實，它是黃黃醜醜的東西，

看起來像是我們描述的膽固醇。當外科醫師開始了解那個黃黃醜醜的東西時，每個人都相當興奮。長久以來我們都知道，這個斑塊含有膽固醇，另外還有細胞殘骸。然而，就是在這個時期，焦點轉向了膽固醇。」

似乎一夜之間，我們假設如果血液中的 LDL 膽固醇和總膽固醇濃度升高，它們會在冠狀動脈裡沉積，導致心肌梗塞、心臟病或死亡。當時沒有人挑戰這個理論，但更令人訝異的是，在那之後儘管有大量的科學和臨床證據證明反駁了這個理論，卻仍然幾乎沒有人質疑。不過，我們現在看到這個單一想法的圍籬上已開始出現裂痕。

澄清時間

看 LDL 膽固醇根本毫無意義，因為它只是根據公式的計算結果，而不是直接測量。有些證據顯示，這個公式適用於某些人，但其他人並不適用，特別是三酸甘油脂濃度有某種變異的人。如果你看看總膽固醇對 HDL 膽固醇的比例，就能完全擺脫那個問題。當你光看 LDL 膽固醇時，只會混淆整個局面。

——克里斯・馬斯特強

▌膽固醇革命的起始點

LDL 膽固醇是決定心臟健康治療的主要目標，這種過時的理論遭遇到越來越大的挫折。在二〇一二年四月十九日出刊的科學期刊《循環：心血管質量與後果》（附屬於頗具聲望的《美國心臟協會期刊》）發表的「編輯的觀點」中，名為羅德尼・海沃德（Rodney Hayward）和哈倫・克朗霍茲（Harlan Krumholz）的兩位醫師，表達他們對瞄準更低濃度 LDL 膽固醇的擔憂。

他們認為，只著重 LDL 膽固醇，從來沒有得到適當的研究，或是檢查有效性或安全性，他們也主張，絕對需要根據患者的特定需求為各個患者「量身訂做治療方法」。如果你開始聽到更多這類的言論，請不要感到驚訝。

誠如在加州納帕市（Napa）的家庭醫師凱特・莎娜漢（本書的專家之一）對我說的：「關於 LDL 和總膽固醇，我們幾乎沒有資料能真正知道它們做為

個別危險因子的意義。我告訴患者，總膽固醇完全沒有意義，其中還有一個數字我們希望能高一點：HDL。此外，它也很難反映另一個相當重要的數字，那就是三酸甘油脂。」

澄清時間

這些血脂指數有很多混淆的變項，或許因此讓它幾乎永遠找不到真正的答案。

——拉凱什・帕特爾

　　莎娜漢醫師用了一個類比，完美地闡述只靠總膽固醇來治療患者有多麼荒謬。她說：「這就好像有一天你打電話跟我說：『我有五呎七吋。』然後我回答：『你比我其他的患者都高，所以你必須減重！』你的反應大概是：『什麼？你連我有多重都還不知道呢！』當你指望總膽固醇跟你說你有個問題，差不多就是相同的情況。」

　　雖然整本書已經一提再提，但是莎娜漢醫師說的這段話更增強了我們想傳遞的消息。

　　「擁有公認良好、健康的膽固醇濃度（低於 200）的人，發生心肌梗塞的程度，跟濃度大概很糟的人不相上下。幾乎可說是完全相同。因此，我們怎麼能說總膽固醇有意義呢？」

艾瑞克・魏斯特曼 醫師的證言

就算膽固醇有分「好的」和「壞的」，但是用總膽固醇評估風險是沒有用的。

　　莎娜漢醫師到底怎麼跟患者說明膽固醇呢？「我坦白告訴他們，膽固醇參考範圍不合時宜。而且，我能用更新近的科學資料為我的說法背書。」

　　她說，毫無意外，對於已被流暢的膽固醇健康假說機器「混淆」的人而言，這個訊息「令人震驚」。莎娜漢醫師說：「我說服患者的方法是，告訴他們實驗室沒有更新，然而新的訊息即將到來，很快就會出現。而且完全是真的。」

誠如我們已經指出的，現在公認為理想的數值，無論如何都太過武斷。莎娜漢醫師說：「光是因為它來自機器而且寫在一張紙上，並不代表某些傢伙知道有關你健康的所有答案。該是時候拉開『綠野仙蹤』的簾幕（譯註：故事中，桃樂絲無意間拉開簾幕，發現奧茲國的魔法師，只不過是很久以前乘著熱氣球來到這裡的奧馬哈人。意指事實的真相沒有原本以為的偉大和有力）。」這還包括測量 LDL 粒子亞型分析的更進階檢驗，莎娜漢醫師認為，這是現存標準膽固醇檢驗的更昂貴擴大版。她說：「終究，這只是某些人的想法。他們從你的身上取出點什麼，然後告訴你，那些代表的意義。我們被困在這樣的心態，像是從帽子裡抓出一隻兔子的魔術表演。這是假的，卻也是人們付錢得到的。」

為什麼醫師忽略膽固醇檢查的其他內容

那麼膽固醇檢驗結果的其他數值——HDL、三酸甘油脂和剩餘一切——是如何呢？它們真的完全沒有任何意義嗎？總膽固醇和 LDL 膽固醇真的完全勝任擔當心臟健康的獨立風險因子嗎？醫師應該要問一問這些問題。

來自澳洲布里斯本、也是本書專家之一的肯恩・施卡里斯博士是提出問題的其中一位。過去四十年來，他一直親眼見證膽固醇的故事繼續發展。施卡里斯博士告訴我：「一九七〇年代，焦點開始放在 LDL，將它視為動脈粥狀硬化粒子。然而，到了一九八〇年代，焦點轉向糖尿病患者，他們不一定有高的 LDL 或總膽固醇，但是他們的心血管疾病風險明顯增加。從那時起，人們開始逐漸對 LDL 粒子感興趣，想知道是否有某種粒子特別容易讓動脈粥狀硬化。」

那時正是 LDL 和總膽固醇理論應該一敗塗地的時候，當時心血管治療的中心焦點已經轉移。然而，正當技術進展到下一個十年，開始有可能檢驗 LDL 膽固醇粒子的大小差異時，老舊的假說卻不動如山。可悲的是，直到今日仍然無法撼動它。

施卡里斯博士說：「在一九九〇年代，我們發現 LDL 有不同的大小，因此小型緊密 LDL 的概念出現在各種疾病群中，而且跟心血管疾病的風險

增加有關。就是在那個時期，研究者開始探討我們為什麼有這種小型緊密的 LDL，以及它從何而來。有壓力、肥胖和糖尿病的人，似乎全都有這種小型的 LDL，這種粒子特別容易讓動脈粥狀硬化。今日仍保有的理論是，巨噬細胞和清道夫是動脈粥狀硬化的主要機制。焦點在於改變 LDL 粒子、氧化作用和糖化作用的是什麼。」

可惜的是，焦點轉移從來不曾轉譯成治療，幾乎完全只停留在研究領域。本書專家暨心臟外科醫師唐納德・米勒相信，一定有強大的利益在背後運作，確保膽固醇的真相不被公開。

米勒解釋說：「膽固醇運動的支持者——包括製藥工業、政府機構、美國食品藥品管理局、美國國家衛生研究院和主要醫學協會——是這麼做的：他們誤導醫師。他們說服醫師相信，冠狀動脈疾病的原因是膽固醇升高，這是由攝取飽和脂肪所引起。因此，預防心臟病的方法是只需要降低膽固醇。與此抵觸的任何事幾乎全被忽略。市面上有一些書籍詳述跟膽固醇信念有關的問題，但是沒有人注意它們。」

沒錯，新的技術已經出現幾年，科學進展也已經證實舊的假說有誤，但它卻仍被視為真理信奉。米勒醫師說，此時「它幾乎是個宗教信仰」。

曾有個時期，就連米勒醫師都接受膽固醇理論。直到他開始進行自己的研究，才改變自己的意見。事實上，他很「震驚」地發現，醫學工業視為不可動搖的假說，證據竟如此少得可憐。

目前，他持續發表演說並在 Youtube 發表影片，與眾人分享真相。然而，他的醫師同事不想聽他非說不可的話。米勒醫師說：「我好像自己一個人在孤島，我的同事都拒絕跟我討論。他們認為，我只是個古怪的老外科醫師。」

他透露，自己已經有四十年沒有測量膽固醇，而且那是他的專業建議。米勒醫師說：「我告訴人們不要再測量膽固醇，請停止這麼做。這樣只會提出沒有堅實證據基礎的警告。可悲的是，你遇到的醫師全都被灌輸這種膽固醇資訊，而且他們對營養扮演的角色毫無頭緒。他們甚至沒有學過任何營養的知識。」

如果你讀這本書沒有學到什麼，我們希望你至少意識到，自己吃的東西對於血中的膽固醇濃度有多重大的影響。營養是理想健康和自我照顧的必要部分，但多數醫師在這個領域的教育幾乎是零。

對我來說，患者得到的飲食建議大多來自沒受過營養訓練的醫師，這樣根本是犯罪！

撼動行之有年的飲食教條難如登天

根據馬爾科姆・肯德里克醫師所說，人們對於膽固醇與飽和脂肪的強大負面印象，「相當難以去除。我不知道對於認為脂肪和膽固醇會阻塞動脈的人，你能做些什麼。他們看到脂肪的畫面，然後看到脂肪卡在水管裡的畫面，而且聽說這就是在動脈裡發生的事。這是個非常簡單的故事，只不過完全錯誤。但是，你要用什麼來取代它呢？」

肯德里克醫師擔心，要改變人們的心態——把脂肪和膽固醇從天生邪惡變成真的有助於健康——或許幾乎是不可能的任務。肯德里克醫師說：「人們就是不願相信，因為你試圖改變他們心中非常強大的印象。他們就是不想改變。當某個東西是壞的，它就是壞的；當某個東西是好的，它就是好的。把一個人心目中壞的東西變好，或好的東西變壞，真的非常困難。」

我了解肯德里克醫師的擔憂，但是我有向前進的希望，因為我有自身的經驗還有他人的經驗，包括英國醫師暨營養健康作者約翰・布里法博士。

布里法醫師告訴我：「對我而言，這些希望來自關於膽固醇的『搖擺選民』很多，他們願意接受膽固醇對健康的影響，以及怎麼照顧我們的心臟和整體健康最好的新想法。越來越多人認知到，降低膽固醇濃度基本上對健康沒有好處。我們會知道這些，是因為幾乎所有試過的改變膽固醇策略，都沒能真正降低整體的死亡風險，就連心血管疾病高風險的人也無法降低。事實上，有時人們已經發現特定藥物對於健康有不良影響，甚至會造成死亡。」

評估心血管風險的新方法

懷疑是一件很棒的事，它可以讓你打開眼前的大門通往不同的理論。一旦你願意接受更多訊息，就可以開始對自己的健康做出明智的決定。

　　根據肯德里克醫師的說法，你最先應該質疑的是目前評估心血管健康的方法，幾乎全世界所有醫師都在使用的那個方法。肯德里克醫師說：「測量本身的力量，就是你要對抗膽固醇檢驗的目標。這是我現在為什麼用不同方法測量的原因之一，這個方法能顯現真正的，也或許有什麼意義的測量。我認為，這一點相當重要。」

　　到醫師診間看看你可以改善的數值，那樣的魅力到處都很受歡迎。醫師喜歡，他們的患者也喜歡。誰不喜歡直接看到數字有所改變？但如果數字沒有任何的意義呢？難道不該找出確實有些意義的數字嗎？這就是為什麼肯德里克醫師現在要使用不同的測量方法，所得到的正確、全面讀數，能讓我們知道患者當前的健康和新陳代謝狀態，因此給他們可以身體力行的建議。

　　肯德里克醫師解釋：「我用這些工具判斷患者燃燒的是脂肪或糖，這就是我們指導人們盡量吃高脂飲食的原因。如果你燃燒的是糖，就無法減輕體重。我們透過機器的測量讓他們明白，如果減少攝取碳水化合物並且增加脂肪的攝取，你的減重能力會大大提升。現在，我們實際上在開發證據，讓患者明白這點。」

　　這是一種醫師和患者都需要的「證據」。

　　佛來德・帕斯卡托爾醫師同意肯德里克醫師的看法，他也「不太在乎膽固醇濃度。體內 80% 的膽固醇是由自己的身體製造。因此，如果身體正在製造膽固醇，就是有需要膽固醇的理由。認為我們需要把膽固醇降低到次佳的濃度，真是愚蠢的想法。」

　　帕斯卡托爾醫師說，檢查膽固醇的唯一優點是，它「能當做身體裡正在發生什麼的一項指標」。然而，擔心膽固醇本身是心臟病的致病因子，卻是完全傻得不能再傻的事。他解釋說：「膽固醇不會殺死你。膽固醇增加是對氧化壓力的反應。如果你去除氧化壓力，膽固醇濃度便會自動降低。」

　　此外，對於膽固醇濃度會導致動脈阻塞快速進展的沒來由恐懼，又是如何呢？帕斯卡托爾醫師提到：「血液中有膽固醇，並不代表你會形成斑塊，然後造成死亡。它的出現是幫助和治療任何已經形成的傷害。對膽固醇的這種指控，真的相當莫名其妙。」

　　如果患者要求，他會做膽固醇檢驗，但他說：「我從來不對膽固醇做些什麼。你需要了解全貌，而不是太過關注於任何單一指數。」帕斯卡托爾醫

師解釋：「你的身體不只是一個膽固醇數值。你的身體和心血管健康，包含需要仔細檢查的各個方面。」

澄清時間

他們決定選擇膽固醇做為量化這些粒子的間接方法。就在那時，他們開始測量膽固醇——血中的各種亞型分析：低密度脂蛋白（LDL）膽固醇、高密度脂蛋白（HDL）膽固醇、總膽固醇、極低密度脂蛋白（VLDL）膽固醇。總之不知為何，當膽固醇真正成為衡量標準的同時，它也被誤會成心臟病的原因。然而，膽固醇只不過是這些粒子的量尺。快轉到四十年後：現在我們治療膽固醇——只不過是潛在心臟病風險的量尺，不一定是致病因子。

——威廉・戴維斯

下一章，我們將看看你的基本膽固醇檢驗的數字，幫助你根據自己的健康去了解它們的意義。如果你的膽固醇數值超出正常或所謂健康的範圍，那麼你一直等待的應該就是這一章。即使我想方設法地說服你，膽固醇數值真的不重要，但如果你有任何懷疑，還是值得了解自己應該努力到什麼程度，以及能做些什麼來達成。

艾瑞克・魏斯特曼 醫師的證言

過去十到十五年來，我們已經了解飲食對於血膽固醇的影響有多龐大。如果在那之前提出建議且情況一直沒有改變，那麼這種建議早已不合時代。在研究終於完成之後，我們發現關於低醣、高脂飲食的多數預言，都沒有成真。

膽固醇跟你想的不一樣

▶ 過去幾年來，膽固醇科學已經改變，然而治療方式卻一成不變。
▶ 許多醫學專家漸漸開始懷疑膽固醇對心臟病的影響。

▶ 發現LDL-C和總膽固醇是沒有意義的數值，相當令人震驚。

▶ 膽固醇檢驗只是一種診斷工具，不是為了讓醫師用來治療一切。

▶ 膽固醇技術的轉變，只發生在研究層次，沒有出現在臨床層次。

▶ 一般人普遍相信心臟病的膽固醇理論，就像是一種宗教信仰。

▶ 停止測量你的膽固醇，避免跟它有關的恐懼。

▶ 要改變膽固醇的負面印象，實在難上加難。

▶ 醫界正在發展新的工具，以追蹤患者的健康進展。

▶ 檢查膽固醇的唯一價值，是幫助辨認其他的健康問題。

▶ 血液中有膽固醇，並不代表它會在動脈裡逐漸沉積。

Chapter 19

基本膽固醇檢驗結果的意義是什麼？

　　希望，現在你已了解**高膽固醇既不是疾病，也不是心臟病的明確致病因
子**。（這是錄音重播！）然而，或許你還是很想知道，膽固醇檢驗結果到底
在告訴你什麼。它們可不可以指出問題呢？可以！有沒有你應該努力達到的
理想範圍呢？有的！多數人大概都做過膽固醇檢查，知道基本的膽固醇數值：
總膽固醇、LDL-C、HDL-C、VLDL-C 和三酸甘油脂。本章將會一一瞄準這
些數值。我們也會看看標成紅字，或是註記「高」、「低」或「超出範圍」
的數字，代表什麼意義，並且告訴你主流醫學健康來源對於這些數字的說法。
最後，我們會提供你應該努力的理想濃度。現在該是揭曉膽固醇數值真相的
時刻，所以請拿出你的檢驗結果，看看自己的健康狀況如何！就是現在，讓
我們把對膽固醇的混淆一一理個清楚。

▌總膽固醇

它是什麼？

簡單說，總膽固醇是 LDL-C、HDL-C 和 VLDL-C 的結合總數。說實話，這個數字沒有告訴你太多有關健康的事。有人曾告訴我，知道總膽固醇數字，就跟知道棒球比賽最後的總分是 25 一樣。你不清楚各個選手的表現如何，這場球賽可能是 13 比 12 的緊張拉鋸戰，或也可能是 24 比 1 的實力懸殊戰。同樣的，光看一個總膽固醇數值，你根本無法知道自己真正的健康故事。

主流健康專家認為的理想範圍是什麼？

希望值：低於 200 mg/dL

邊緣值：200 到 239 mg/dL

高：超過 240 mg/dL

（來源：MayoClinic.com）

良好健康的理想濃度是什麼？

傳統觀念要求保持在 200 mg/dL 以下，但是這個說法沒有科學基礎，完全是一個專斷的數字。總膽固醇也不是判斷心臟病風險的可靠指數。因此，試圖降低總膽固醇，完全沒有道理可言。比總數更重要的是它的數字組成。

根據沒有心臟病的傳統文化中正常膽固醇濃度而提出的新想法是：女性的總膽固醇低於 250 mg/dL 被視為正常，而男性的正常總膽固醇是不超過 220 mg/dL。即使高於這些臨界點，也不一定代表你需要藥物治療，而是指出你應該看看其他跟整體健康有關的因素。

能否自然地降低總膽固醇？

既然總膽固醇對於心血管健康真的沒有任何意義，那麼試圖降低它確實

是白費功夫。誠如我們先前討論的，膽固醇會在身體裡一定有原因，不需要
藉助營養控制，而開藥控制或許弊大於利。

　　與其擔心總膽固醇數值，不如跟醫師談談可能造成你的總膽固醇升高的
背後原因，包括第七章和第十一章討論過的可能性。

LDL-C

澄清時間

LDL 對你的免疫極其重要。如果你的 LDL 太少，你可能無法對感染做
出適當的免疫反應。

但如果你的 LDL 太多，或許有過度活躍的免疫反應，可能導致各種問
題，像是過度發炎。

——保羅・傑敏涅

它是什麼？

　　通常被稱為「壞」膽固醇的 LDL 代表的是「低密度脂蛋白」，它讓脂肪
分子能透過血流運輸。

　　雖然 LDL 通常被許多醫師看做一個數字，但實際上它是兩種主要類型的
組合：「大而蓬鬆的 A 型」和「小而緊密的 B 型」。我們將在下一章更仔細
討論這些概念。

　　基本膽固醇檢驗結果中的 LDL-C 是根據弗氏公式估計的計算數字，算
法是總膽固醇減掉 HDL-C，再減掉五分之一的三酸甘油脂（譯註：LDL-C ≒
總膽固醇 － HDL-C －〔三酸甘油脂／ 5 〕）。或許你並不想知道這麼多，
但請堅持下去，因為了解這一點相當重要。

　　弗氏公式有已知的矛盾，因此計算出來的 LDL-C 數字相當不可靠。既然
如此，為什麼還要用呢？

　　因為它比決定 LDL 膽固醇的直接測量便宜許多。但這個計算結果有重大
瑕疵，幾乎毫無意義。

主流健康專家設定的理想LDL-C範圍：

理想值：低於 100 mg/dL（心臟病風險很高的人：應低於 70 mg/dL；心臟病風險高的人：應低於 100 mg/dL）

接近理想：100 到 129 mg/dL

心臟病高風險邊緣：130 到 159 mg/dL

高：160 到 189 mg/dL

非常高：超過 190 mg/dL

（來源：MayoClinic.com）

良好健康的理想濃度是什麼？

主流的醫學專家建議，「心臟病風險很高」的人，應該讓 LDL-C 數值低於 100 mg/dL，甚至低於 70 mg/dL。

但同樣的，我必須問問為什麼，特別是 50% 的心肌梗塞患者有「正常」的 LDL 膽固醇濃度。如果 LDL-C 真正能表示心臟健康，那麼用盡各種必要手段將它降至前述濃度就很合理。然而，事實並非如此。

此外，誠如我們討論過的，LDL 膽固醇不只是一個數字。舉例來說，濃度 100 並沒有提供太多關於 LDL 粒子的訊息；它的大小和數量至關重要。保羅・傑敏涅博士相信，LDL 膽固醇的理想濃度是 130 mg/dL，稍微高於主流醫學所說的健康。

一般來說，你不希望 LDL 膽固醇太少或太多；太多可能造成發炎增加，以 C －反應蛋白濃度（下一章會討論的另一個重要健康指數）表現。因此，你的 LDL-C 濃度跟總膽固醇數值很類似：做為一個單一指數，無法告訴你太多有關健康的情況。

能否自然地降低LDL-C？

就跟總膽固醇數值一樣，它的數值結果有瑕疵而且幾乎毫無意義，所以不用費心去降低它。

HDL-C

它是什麼？

高密度脂蛋白是最小的脂蛋白粒子。它讓三酸甘油脂能透過血流運輸；在健康的人身上，血液中大約 30% 的脂肪由 HDL 攜帶。它也透過將 LDL 運送到肝臟，以利用 LDL 及將之排出身體。本質上，HDL 的作用像是內皮細胞或血管內壁的清潔者。當你的內皮細胞受損時，可能導致動脈粥狀硬化，造成心肌梗塞或中風。這就是為什麼 HDL 常常被稱為「好」膽固醇。HDL-C 濃度提高是為了預防心血管疾病，而降低 HDL-C 濃度容易增加心臟病的風險。男性的 HDL 通常比女性低。

主流健康專家希望的範圍是什麼？

不良：（男性）低於 40 mg/dL，或（女性）低於 50 mg/dL
較好：（男性）40 到 49 mg/dL，或（女性）50 到 59 mg/dL
最佳：超過 60 mg/dL
（來源：MayoClinic.com）

良好健康的理想濃度是什麼？

主流醫學向來完全忽視 HDL，他們幾乎只關注 LDL 和總膽固醇。然而，可以說這個數值（跟三酸甘油脂一起）是心臟病風險的最佳預測指標。為了獲得心血管健康的最大益處，你的 HDL 膽固醇應高於 70 mg/dL，這個數字超過主流專家的建議。而任何低於 50 的數字都應該擔心。

能否自然地提高HDL？

如果你喜愛動物脂肪，卻為了保持低膽固醇而減少攝取量，請鼓起勇氣：提高 HDL 膽固醇的最佳方法之一便是攝取更多的膳食脂肪，包括健康的飽

和脂肪（如椰子油、奶油、鮮奶油、全脂肉和乳製品），以及單元不飽和脂肪（如酪梨油和橄欖油）。這聽起來美好得太不真實了，對嗎？然而，攝取高脂飲食，確實可以提供身體製造 HDL 膽固醇的原料。此外，HDL 的產生，是回應規律運動、減少喝酒，以及（如果你準備做）每次十六小時的定期間歇性斷食。

VLDL-C

澄清時間

當你減少攝取碳水化合物時會出現的 VLDL 改善，這是一個重要的數字；它讓患者看到自己如何越來越好。

——馬爾科姆・肯德里克

血脂學家意識到血糖控制、膽固醇和心臟病之間的關聯，或至少他們應該意識到。當你處於碳水化合物過量的狀態時，我在膽固醇檢查中看到的第一個徵象是高的 VLDL-C。

然後經過一段時間，吃太多醣類的第二個徵象是三酸甘油脂快速增加。我看到許多有胰島素阻抗的患者，三酸甘油脂大約是 150 的「正常」濃度，但他們的 VLDL-C 很高。因此，如果有這類數字的患者跟我說他們在遵循低醣飲食，我知道他們沒有做到，因為如果真的做到，VLDL-C 濃度就會下降。

——拉凱什・帕特爾

它是什麼？

VLDL 是「極低密度脂蛋白」（very low-density lipoprotein）的縮寫。它們是在肝臟製造，負責將血中的三酸甘油脂和其他脂肪帶到身體各處。VLDL 大多被認為是壞膽固醇，因為濃度較高代表血中的三酸甘油脂濃度增加。通常你能將三酸甘油脂除以五，便可得到你的 VLDL-C。

主流健康專家設定的理想VLDL範圍：

正常：介於 2 到 30 mg/dL

（來源：National Institutes of Health）

良好健康的理想濃度是什麼？

VLDL-C 的「正常」建議範圍太過廣泛，以致於變得毫無意義。VLDL 是 2 或 30 mg/dL，兩者之間有巨大差異。一般而言，你能讓你的 VLDL-C 越低，心臟健康就越好。VLDL 的目標是在 10 到 14 mg/dL 之間。

能否自然地降低VLDL？

預防或降低胰島素阻抗，是保持 VLDL 在理想濃度的要點。這麼做的最快方法是完全排除或大幅減少碳水化合物的攝取量，特別是精緻醣類，如白麵包、白米、麵條和垃圾食物，以及糖、小麥、馬鈴薯、糙米和澱粉質蔬菜。

▋三酸甘油脂

澄清時間

三酸甘油脂或 VLDL 升高，是身體沒有適當處理糖和脂肪的結果。一旦你罹患胰島素阻抗，各方面的健康都會開始出錯。印度人通常沒有肥胖症且 LDL 膽固醇低，但是他們會罹患中央型肥胖和胰島素阻抗，在很年輕時就死亡。

——馬爾科姆‧肯德里克

它們是什麼？

三酸甘油脂是三種脂肪酸構成的脂肪。它們有個非常重要的工作，負責

從肝臟轉移脂肪和血糖——身體需要的能量。當它們升高時，代表你的心臟病風險增加。事實上，你的三酸甘油脂濃度與 HDL 膽固醇濃度有負相關，亦即當三酸甘油脂升高時，HDL 膽固醇容易變低。血液中的三酸甘油脂越多，罹患動脈粥狀硬化的機會越高。

主流健康專家設定的理想三酸甘油脂範圍：

希望值：低於 150 mg/dL

邊緣高：150 到 199 mg/dL

高：200 到 499 mg/dL

非常高：超過 500 mg/dL

（來源：MayoClinic.com）

良好健康的理想濃度是什麼？

此處的現實與傳統觀念大相逕庭：主流健康專家推廣的「希望值」高得不可思議。但你應該努力達到的是 100 mg/dL 或更低，而不是 150 mg/dL。事實上，我們建議，健康三酸甘油脂濃度的理想範圍是 70 mg/dL。

能否自然地降低三酸甘油脂？

如果我開始聽起來像壞掉的唱片，很抱歉，但我忍不住一直播這首歌：減少碳水化合物攝取量！只要這麼做，三酸甘油脂濃度就會下降。我太太克莉絲汀是最完美的例子。二○○八年，她的三酸甘油脂衝到 300 mg/dL，但靠著低醣飲食和補充魚肝油，只花了六個星期就讓數字降到 130 mg/dL。在戒掉巧克力和彩虹糖後，三酸甘油脂降更多，來到 43 mg/dL。

澄清時間

隨著三酸甘油脂上升，HDL 會往下降，而 VLDL 繼續升高。

——拉凱什・帕特爾

　　下一章，我們將看看一些更進階的膽固醇檢驗。有些人會認為，你真的不需要任何花俏的檢驗，但我確實發現，它們對於擔心自己健康的人有所幫助。這些檢驗提供你可靠的心血管和整體健康的全面資料。

澄清時間

可以預測小型緊密 LDL 的三酸甘油脂濃度，應該遠低於一般認為的正常範圍。低於平均濃度比高於平均好，但低於 25% 比高於 25% 更好。它具有連續性：你的三酸甘油脂越低，風險就越小。沒有人曾尋找健康的濃度是什麼。一切都跟心臟病的相對風險有關。但有些人在推廣的是心臟病的絕對風險。

——肯恩・施卡里斯

艾瑞克・魏斯特曼 醫師 的 證言

在非常罕見的情況下，血膽固醇或三酸甘油可能在皮下或組織中堆積。這些堆積物或許代表可能導致早期心臟病的罕見家族遺傳問題，若進行治療將有可能降低這種風險。如果你看到這些脂肪堆積，就一定要去做血膽固醇檢查。

膽固醇跟你想的不一樣

▶ 多數醫師會做基本的膽固醇檢查：總膽固醇、LDL-C、HDL-C、VLDL-C和三酸甘油脂。

▶ 總膽固醇幾乎是毫無意義，因為它沒有顯示膽固醇的組成。

▶ LDL-C濃度也幾乎毫無意義，因為它的粒子才是真正重要的。

▶ HDL和三酸甘油脂是你的檢驗結果中最重要的兩個數值。

▶ VLDL是三酸甘油脂的絕佳代表，應該盡可能低。

▶ 吃高脂、低醣飲食，能顯著改善HDL和三酸甘油脂。

Chapter 20

你應該考慮的八個進階健康指數

澄清時間

先進的血脂學家比較關心 LDL 粒子、ApoB，以及更現代的測量脂蛋白的技術。然而，這二十一世紀的科學，卻被研究膽固醇的權威人士認為太過複雜和難以理解。背後的問題是，一般大眾和製作最新膽固醇指南的特定人士，全都因此無從得知更新的訊息。

——蓋瑞・陶布斯

　　我們已經談過提供進階膽固醇檢驗的各個公司。現在，我們將進一步探討這些公司提供的更精密測量，如果你或醫師擔心你的基本膽固醇檢驗數值，那你應該考慮進行這些檢驗。你的醫師可以幫你做這些檢驗，但你也能經由第十三章引用的醫學檢驗網址自己去做。

1. 載脂蛋白B（Apolipoprotein B，ApoB）

澄清時間

所有證據全都顯示，高的 ApoB 數值代表你有動脈粥狀硬化的風險。當然，也是有一些例外，但你怎麼知道自己是哪一種呢？如果你想選擇不去擔心 ApoB，那你至少要做定期的電腦斷層心臟掃描鈣化分數。如果你是男性，分數應該小於 50，而女性的分數應該小於 60。你也可以做頸動脈內膜中層厚度檢驗。如果保持良好，或許你的風險沒那麼高。

——湯瑪士・戴斯賓

載脂蛋白 B（ApoB；譯註：LDL 的主要結構蛋白）的目的是將 LDL 膽固醇帶到身體組織中。ApoB 檢驗只問世十年，但已經收費便宜，而且世界各地都很容易做。濃度較高的 ApoB 是心臟病風險的指標，不過因為檢驗還非常新，所以沒有足夠的資料讓它像 LCL-C 一樣普遍。

然而，這不會阻止丹佛市的家庭醫師傑佛瑞・格伯把它當作衡量風險的一種工具。格伯醫師說：「我喜歡 ApoB 檢驗。載著膽固醇的校車有兩種。壞的校車是 ApoB 校車。AboB 攜帶膽固醇的方式不好，因為它載的乘客全像是乳糜微粒、IDL（中密度脂蛋白）、VLDL、LDL 和 Lp(a) 之類的。構成 ApoB 數值的全都是壞的粒子。我喜歡特別注意 ApoB，因為它真的能讓我們一次看到所有據稱有害的脂蛋白粒子。ApoB 給你的是不健康粒子的更精確測量。」

2. LDL粒子（LDL-P）

澄清時間

確實，此時此刻，某些脂蛋白的粒子數，比標準膽固醇測量更能指出誰會罹患動脈粥狀硬化。

——湯瑪士・戴斯賓

我大膽猜測，閱讀本書的多數人從來都沒有聽過 LDL-P。傳統上，多數膽固醇檢驗測量的 LDL 是 LDL-C。然而，現在我們有更精密的方法可測量 LDL，能夠實際探究身體裡 LDL 粒子的數量和大小（LDL-P 中的 P，代表的是它含有的粒子總數）。

就連大受歡迎的電視健康節目《奧茲醫師秀》（*The Dr. Oz Show*）的主持人梅默特・奧茲醫師（Dehmet Oz）都曾強調，「粒子尺寸檢驗」對於判定心臟健康非常重要。

測量 LDL 粒子的最佳檢驗，是由位於北卡州羅里市（Raleigh）的 Liposcience 公司所提供的核磁共振脂蛋白檢驗。「核磁共振」（nuclear magnetic resonance）的縮寫是 NMR，它是最佳的營業用實驗室檢驗，利用十分先進的技術判別 LDL 粒子的性質——看看它們主要是大而蓬鬆的 A 型（好

的粒子），還是小而緊密的 B 型（壞的粒子）。相較於你的 LDL-C，LDL-P 數值與心臟健康更有關係。

關於 LDL 粒子的總數或是粒子的大小誰最重要，血脂專家之間仍有爭論（我們會在下一個指數更仔細地討論尺寸議題）。NMR 技術在醫療執業中普遍使用的時間還不長，但目前 Liposcience 公司建議的 LDL-P 理想濃度是低於 1,000 nmol/L。

誠如我們在第十一章的討論，攝取低醣、高脂飲食的人，LDL-P 可能容易升高到遠超過這個數字，然而目前還沒有研究探討它的意義為何。

澄清時間

我採取中立態度。關於 LDL-P 和 LDL 粒子大小之間的爭論，我沒有偏向任何一邊。我們確實知道，小型 LDL-P 顯然更容易造成動脈粥狀硬化，但或許這不是故事的全貌。不過，小型 LDL-P 升高大概是代表胰島素阻抗。然而，如果你不去找胰島素阻抗或沒有考慮發炎，那麼你必須全部都看。

——拉凱什·帕特爾

3. 小型LDL-P

澄清時間

並非所有吃低醣飲食的患者都能改善的另一個指數是：小型 LDL-P。有種三連勝很棒：三酸甘油脂下降、HDL 上升，而 LDL 粒子尺寸增加。

——傑佛瑞·格伯

當你進行核磁共振脂蛋白檢驗時，結果會將小型 LDL-P 單獨列出。這是被分類成 B 型——你想不計一切代價避免的緊密且真正有害的類型——的 LDL 粒子數值。心臟科醫師威廉·戴維斯將小型 LDL-P 描述為「肯定是心臟病的頭號原因」。

戴維斯醫師跟我說：「我認為，LDL-P 和小型 LDL-P 數值都很重要，但我相信小型 LDL 粒子更重要許多。目前我們沒有比較治療方法的長期研究結

果，因此不可能知道降低小型 LDL-P 濃度的最佳方法。沒有這種研究的原因是沒有治療它的藥物，所以沒有人願意花三千萬美元進行這樣的研究。那是藥廠通常會進行這些研究的理由。」

研究的重大缺口，並沒有阻止像戴維斯醫師這樣的醫學專家採取行動，他幫助患者藉由基本的營養，降低他們的小型 LDL-P。戴維斯醫師說：「要做到這點其實非常簡單，而且這麼做可以直擊冠狀動脈疾病的多數根本原因。我們從飲食中去除所有的小麥，並且限制碳水化合物的攝取。這些食物會觸發形成小型 LDL 粒子，它們是出現在患有冠狀動脈疾病和心血管風險的人身上，最兇惡且異常的粒子型式。」

身體裡一旦出現小型 LDL-P，也會更難擺脫。戴維斯醫師繼續說：「這些小型粒子比大型粒子長壽許多。換句話說，如果我吃含脂食物增加我的大型 LDL，它們大概會持續二十四小時。但如果我吃富含碳水化合物的食物（像是麵包）觸發形成小型 LDL，它們可能停留至少一個星期，甚至數個星期。」

小型 LDL-P 很容易出現在名為「糖化作用」的過程中，使得小型粒子比大型 LDL 粒子更黏，根據戴維斯醫師的說法，這就是為什麼更小、更密的粒子「極長壽且相當無情」。戴維斯醫師認為：「雖然肝臟不太認得小型 LDL，但是炎性白血球（如斑塊裡的肥大細胞和巨噬細胞）很容易認出小型 LDL。這就是小型 LDL 更有可能觸發一連串發炎事件的原因。它戴著一副面具、鞋子沾有泥巴、臉上盡是狡猾的神情，看起來就像是心臟病的元凶。我們只是還沒有這方面的研究結果。」

雖然有關小型 LDL-P 議題的嚴謹研究仍在持續，但是戴維斯醫師建議我們自我教育：「我應該告誡人們，如果他們的 HDL 高於 40，他們的醫師或許會說不用擔心小型 LDL──如果他們知道那是什麼。我不知道這些醫師從哪兒聽到這種神話。完全是胡說八道！」

我們先前曾討論過，HDL 膽固醇濃度較高和三酸甘油脂濃度較低，通常容易致使小型 LDL-P 數值降低。

澄清時間

在小型緊密 LDL 的概念從假設得到證實的五到十年間，我們的肥胖症大幅成長。肥胖和高三酸甘油脂的盛行率也在增加。

人們開始意識到，這不只對某些患者重要，對於那些有最常見的血脂異常——現在我們知道是三酸甘油脂濃度升高——的人更加重要。

——肯恩・施卡里斯

誠如我先前所提，關於 LDL 粒子及其重要性還有不少爭議，特別是粒子總數和粒子尺寸之爭。截至目前為止，研究似乎偏向 LDL 粒子總數，但備受尊重的膽固醇研究者暨本書專家羅納德・克勞斯醫師與戴維斯醫師的看法一致，認為小型 LDL-P 濃度似乎更能預示心臟病。克勞斯醫師解釋：「某個有瑕疵的統計分析，推導出大型 LDL 粒子和小型 LDL 粒子的動脈粥狀硬化程度相當的結論。我就是無法相信這是真的。我認為，許多證據線索都指出這不是事實。」

克勞斯醫師提到，具有許多極小型 LDL 粒子的患者，跟多數的 LDL 粒子是大型的患者有「不同的病理學」。「我看到患者有許多極小型 LDL 粒子時，他們的 LDL-C 或許完全正常，但他們的 LDL 粒子往往特別的濃。」

克勞斯醫師也同樣相信，醣類是這個故事裡的大反派。他說：「碳水化合物驅使生成肝臟裡的脂肪和內臟脂肪。而且我們認為，肝臟脂肪——許多代謝症候群的患者不幸地增加的東西——會刺激產生 VLDL，這不只是引發小型和極小型 LDL 出現，還會導致 HDL 降低。結果造成三酸甘油脂高、小型 LDL 濃度增加，以及 HDL 膽固醇濃度降低的危害三部曲。

導致 HDL 膽固醇降低、VLDL 升高，以及小型 LDL-P 過剩的，是碳水化合物為主的飲食所造成的三酸甘油脂增加。這樣的惡性循環，將帶你走向真正心臟危機的不歸路。

克勞斯醫師的膽固醇研究同事之一、派蒂・西利－泰利諾博士贊同他的看法。西利－泰利諾博士說：「帶有小型 LDL-P 的人身上，通常看得到其他的代謝異常，包括三酸甘油脂升高和 HDL 膽固醇降低，這是其中一部分的模式。它也跟特定的代謝途徑有關——我們相信這是在某種程度上受高醣飲食、胰島素阻抗和肥胖誘發的代謝途徑。」

澄清時間

LDL 粒子大小相當重要，因為大而蓬鬆的粒子，由於脂蛋白受到許多脂

肪保護而難以氧化。脂肪非常地輕，所以富含脂肪的 LDL 粒子會漂浮。相較之下，蛋白質的密度比血高，因此沒有許多脂肪的 LDL 粒子被稱為小而緊密的 LDL 粒子（小型 LDL-P）。這種粒子容易下沉，更重要的是蛋白質暴露在外，很快就會氧化。具有許多小而緊密的 LDL，代表你有非常敏感的神經質免疫系統，它會產生非常強烈的免疫反應。然而，如果你有的是肥肥鬆鬆的那種 LDL，那麼免疫反應就會比較冷靜。

——保羅・傑敏涅

　　Lioscience 公司的人建議，小型 LDL-P 要小於 600 nmol/L。這確實是令人欽佩的目標，但如果你得到的建議是總 LDL-P 為 1,000 nmol/L，這個目標就離理想太遠；因為這表示你的 LDL 粒子有一半以上是壞的那種！小型 LDL-P 應該接近總 LDL 粒子的 20% 或更少，最理想是小於 200 nmol/L。

　　簡單地說：若想預防動脈管壁受損或將傷害降到最低，小而緊密的 LDL 粒子越少越好。要達成這點的最佳方法是攝取較少的碳水化合物、飲食中多吃飽和脂肪與膽固醇、運動，以及減輕體重。聽起來很熟悉嗎？

4. 非HDL膽固醇

澄清時間

　　為什麼總膽固醇對 HDL 膽固醇的比例最能預測心血管健康？我的研究假設是，這個比例可做為 LDL 粒子在血液中停留多久的指數。有壓倒性的證據顯示，如果你阻斷 LDL 膽固醇的代謝，就會讓 LDL 在血液中的時間增加，提高它氧化的可能性。LDL 一旦氧化或受損，就會變成問題。另一個問題是，當總膽固醇對 HDL 膽固醇的比例不對勁時，它可能是代謝備用的指標。如果出現代謝備用，那麼它就需要修理。因此，重點不是降低總膽固醇，而是提高 HDL 膽固醇，重新提振血脂代謝，好讓一切恢復正常。

——克里斯・馬斯特強

　　或許你曾在自己的標準膽固醇檢驗中看過非 HDL 膽固醇，但我猜想你

完全不知道它的意義。這個數值相當重要，因為它跟總膽固醇或 LDL-C 不同的是，有考慮到你的 VLDL-C，因此拉凱什・帕特爾醫師認為它十分珍貴。帕特爾醫師說：「檢查非 HDL 是免費的，因為它已經出現在你的標準血脂檢查中，就是將總膽固醇減掉 HDL 的計算值。現在，多數實驗室會報告非 HDL。看看非 HDL，會比只看 LDL-C 能找出更多的問題。」

帕特爾醫師告訴我，非 HDL 膽固醇也是 ApoB 和 LDL-P 的絕佳代表，對於無法負擔這些檢驗的人特別有用。他說：「如果你真的希望檢驗所有東西，你當然可以去做，但我不認為你一定需要如此。如果你的非 HDL 很高，那就表示你的系統裡有大量的脂蛋白，需要你開始做些改變。」

帕特爾醫師認為，在未來出版的 ATP IV 膽固醇指南中，應該將非 HDL 膽固醇列為其中一個目標，因為它甚至比 LDL-C 更能「當作脂蛋白總數的代理指數，而不僅僅是 LDL 的濃度計數」。

克勞斯醫師也喜歡非 HDL 膽固醇，因為它是評估血脂相關風險的簡單檢驗。克勞斯醫師說：「它沒有違背目前所有的指南，而且對於評估一般人口的心臟病風險有很大的幫助。推廣非 HDL 膽固醇一直受挫的部分原因，是它有個奇怪的名字。在先前的 ATP 指南中首次提出非 HDL，但人們不清楚它是什麼，所以無法接受。我會建議把它改成『動脈粥狀硬化膽固醇』之類的名字，它需要有個能清楚說它『不好』的名字。」

非 HDL 膽固醇的理想濃度仍有待決定。但傳統觀念建議，根據你個人健康狀況的目標 LDL 加上 30，就是你的理想濃度（因為 VLDL 是三酸甘油脂除以五，而理想的三酸甘油脂濃度是 150）。然而，誠如克勞斯醫師指出的：「目前沒有真正的證據能為非 HDL 膽固醇選出特定的臨界點。」

5. 脂蛋白(a)（Lipoprotein(a)，Lp(a)）

這是另一個你大概不曾看過或聽過的心臟健康指數。然而，脂蛋白 (a)（通常簡稱為 Lp(a)）已被確認為冠狀動脈疾病和中風的關鍵遺傳危險因子。Lp(a) 由類 LDL 粒子組成，主要是由父母遺傳給你的基因預先決定。因為它受遺傳影響，一般認為你無法做什麼改變，所以被許多醫師忽略。但這種想法缺乏遠見，你很快就會發現。

關於 Lp(a) 的知識還有很多不足，但我們確實知道，濃度低的人可能比濃度高的人健康。Lp(a) 的健康範圍相當廣，從 5 到 40 mg/dL 之間都算。因為有幾種不同的測量方式，所以沒有標準的檢驗方法，可提供一致且相關的參考範圍。

澄清時間

人口中大約 25% 具有可能讓他們更容易罹患心臟病的 Lp(a) 濃度，因此並不罕見。

——羅納德・克勞斯

因為 Lp(a) 依然很新而且計算的方法很多，所以試圖定出理想的濃度極其困難。不過，因為它似乎沒有任何好的生理用途，一般建議保持越低越好。然而，關於 Lp(a) 的故事並沒有這麼簡單。

澄清時間

Lp(a) 是一種凝血劑，基本上就是血栓。因此，當你發現卡在動脈管壁的血栓時，實際上你看到的不是 LDL，而是 Lp(a)。人們拒絕承認那就是他們看到的東西。

——馬爾科姆・肯德里克

威廉・戴維斯醫師已廣泛研究 Lp(a) 多年，對於 Lp(a) 濃度天生特別容易升高的人，有相當敏銳的觀察。

他問我：「你知道我把有 Lp(a) 的人稱為什麼嗎？他們是完美的肉食動物。在我們的現代世界中，Lp(a) 是奢侈的心血管風險。你聽說某個家族裡有人在四十二歲發生心肌梗塞，他的父親在四十七歲發生心肌梗塞或是做繞道手術，而家中的某個女性在五十二歲心臟病發。這多半是個帶 Lp(a) 的家庭。

「不過，根據我研究這些人的豐富經驗，我想告訴你我真正的想法。如果你收集一百個有高 Lp(a) 的人，並且只是觀察他們，你會注意到幾件奇特的事。他們全都非常健壯，其中 80% 是三鐵運動員、馬拉松跑者或長距離運動員。聽起來可能瘋狂，但這些傢伙的數學非常好。我認識一個 Lp(a) 傢伙，

當他走進我的診間時，交給我他過去十年的膽固醇數值、血糖、血壓和其他健康數字，他把它們分別記在 Excel 的不同工作表，並且繪製成圖表。我知道這些傢伙有 Lp(a)，因為他們有不尋常的數學天賦。他們很聰明。

「他們對於脫水和飢餓的耐受性也比較高。此外，他們對於熱帶感染免疫力更強。換句話說，他們是『節約基因』這種概念的終極例子，因為他們的生存能力極佳。他們是在野外可以戰勝掠食者和其他人類的人，因為他們能在刺傷獵物後，長達五個小時不吃不喝地追著牠跑。

「誠如我對他們的描述，他們是完美的肉食動物。因為 Lp(a) 在短短幾百萬年前才在靈長動物的身上出現，那時還是很罕見的突變，而今卻有 11%的人類擁有 Lp(a)。換句話說，它變多了。壞的基因不會變多，好的才會。」

太美妙了！戴維斯醫師說，高 Lp(a) 在早期祖先的年代，是「讓人有絕佳生存優勢的自然恩賜」。但如果它是讓狩獵－採集祖先在最糟的環境中生存的天賦，為什麼在今日會成為如此強大的心臟病危險因子呢？

戴維斯醫師解釋：「我反覆不斷地得出相同的結論：這是因為缺少脂肪，以及過度接觸穀類和糖。當 Lp(a) 人──特別是這樣的人──減少脂肪攝取並且吃更多全穀類和糖時，他們就會表現出這些代謝失常，包括爆量的小型LDL 粒子、高三酸甘油脂，以及高到足以罹患糖尿病的血糖。我在談的是身高六尺四吋（一九三公分）、體重一九〇磅（約八十六公斤）、體脂 9%、每天跑八英里（十二公里）的男人，而他有糖尿病血糖。因此，我們在談的是罹患糖尿病的可能性不成比例──遠超過其他的人。」

澄清時間

我們發現，對麩質和穀類敏感的人，容易出現可預測的發炎指數升高，以及 LDL 粒子問題。
如果你採行低醣路線，是一石二鳥的作法。麩質相關的異常，大概遠比我們以為的問題還大。

──湯瑪士・戴斯賓

多年來的假設是，有高 Lp(a) 的人是抽到生命的下下籤。他們唯一能做的只有服用菸鹼酸或史塔汀類藥物。然而，戴維斯醫師將這些人連結上「我

們祖先的肉食高脂生活型態（吃肉，也吃動物脂肪）」。他的患者中，有高 Lp(a) 的人全都具有這種生存競爭力超群的遺傳體質。

戴維斯醫師透露：「我已經讓四十個人的 Lp(a) 從高濃度降低到零。這沒有證明什麼，但是卻非常有趣。我可以告訴你，我以前從來都沒看到 Lp(a) 下降到零，但我們現在能做得到。」

除了鼓勵他的患者吃很多帶脂肪的肉，戴維斯醫師也建議從魚類和人道飼養動物的腦補充 ω-3 脂肪酸。如果你沒有這些選項或無法接受，他建議服用高單位的魚油。

戴維斯醫師說：「我使用的是來自魚油的六千毫克 EPA/DHA，這有助於降低 Lp(a)。降低這些濃度需要花二到三年的時間，不會在一夜之間發生。然而，我們已經看到這個數字降得越來越多。」

澄清時間

絕對風險和相對風險之間有所區別。舉例來說，如果患者有超高的 Lp(a)，但他們的 LDL 很低、粒子也低、HDL 很高等，他們的絕對風險就非常地低。

高 Lp(a) 的存在，是將那個風險乘上一個因子。但如果是乘以一個小數字，你得到的數字還是很小。LDL 粒子也是一樣。因此，治療目標端看個人的總體風險分析。

——羅納德・克勞斯

再說一次，構成最佳治療的是營養而非藥物。

此外，當 Lp(a) 數值開始下跌時，其他的危險指數也會降低，這是個不容忽視的漣漪效應。

戴維斯醫師說：「隨著你的 Lp(a) 數值開始下降，其他的血脂數值全都很可能變得極為出色。換句話說，HDL 可能達到 80、90、110。我們在談的是消滅小型 LDL 粒子（降到零），以及三酸甘油脂的濃度為 30。還有，空腹血糖值是八十幾，而糖化血紅素（A1c）在 4 到 5 之間。許多美國人目前正處於很可能進展成糖尿病的糖尿病前期，C－反應蛋白可能達到零。如果我們把 Lp(a) 降到零，但是在過程中造成各式各樣的問題，這麼做會很愚蠢。」

6. 高敏感度C－反應蛋白（high-sensitivity C-reaction protein，hs-CRP）

澄清時間

你有一些好的指數可以看看，像是高敏感度 C－反應蛋白，它能告訴你是否有氧化壓力。你真的不需要做花俏的檢驗就能知道。

——佛來德・帕斯卡托爾

　　高敏感度 C－反應蛋白在血液裡可以找到，是測量身體的發炎狀態。這是發炎的主要指數，因此也是判定動脈整體健康的主要指數。CRP 的濃度越高，罹患心臟病的風險越大——即使其他的膽固醇數值看起來很棒。

　　膽固醇一直被誣賴成心臟病的凶手，但真正的凶手其實是發炎（誠如我們在第二章的討論），這個問題的嚴重程度超過多數人的理解。hs-CRP 的濃度越高，罹患心臟病的風險越大。健康的 hs-CRP 濃度介於 0 到 3.0 mg/dL 之間，理想的 hs-CRP 則小於 1 mg/dL。減少飲食中的糖、穀類和蔬菜油，是降低體內發炎的最有效方法。

7. 口服葡萄糖耐受試驗（oral glucose tolerance test，OGTT）和空腹血糖檢驗

澄清時間

不要檢查你的膽固醇。驗驗你的血糖。

——唐納德・米勒

　　這是一本關於膽固醇的書，那你的血糖反應跟心臟健康有什麼關係呢？原來，隨著血糖和胰島素退去（亦即管理飯前、飯後的血糖和胰島素濃度的能力有多好），你的糖尿病和心臟病的風險也跟著消退。

　　帕特爾醫師經常讓他的患者進行口服葡萄糖耐受試驗（OGTT）和空腹血糖檢驗。

　　帕特爾醫師說：「判定胰島素阻抗的重要工具是兩小時葡萄糖耐受試驗。

研究已經證明，飯後一小時的葡萄糖濃度最能預測未來八年是否會罹患糖尿病。如果一小時的數值大於 150，你在未來八年內罹患糖尿病的可能性超過十三倍，無論你的空腹或兩小時血糖值是否正常。因此，你可能有完全正常的空腹血糖濃度 85，和完全正常的兩小時血糖濃度 115。但是，如果你的一小時血糖濃度超過 150，你還是相當危險。意思是，你能藉由看看飯後一小時的血糖濃度及早發現糖尿病。因此，我們能在患者罹患糖尿病的二十到二十五年以前，提早發覺胰島素阻抗。」

澄清時間

長期過度攝取碳水化合物，會造成血糖和胰島素長期激增。因此，如果你有慢性的高胰島素濃度，很有可能合成更多的 LDL 膽固醇。高醣飲食對於血脂代謝和發炎過程有負面影響。促發炎狀態是心臟病、神經退行性疾病，甚至癌症的前兆。而限制碳水化合物攝取量能改正的就是餐後血糖飆升的狀況。血糖大幅激增可能活化促發炎基因，啟動病理過程。飯後血糖飆升對老年人特別危險，他們更有可能久坐不動，並且面臨年齡相關的認知下降風險。

——多明尼克・達古斯提諾

　　OGTT 需要你空腹八到十二小時。然後，抽血檢驗你的空腹血糖濃度和胰島素。接著，你要喝下一杯含有七十五克葡萄糖的液體，然後在檢驗期間以三十分鐘和六十分鐘的間距再次檢查血液。全程可能短至兩個小時，或長達五個小時（我做過五個小時的版本，一點都不好玩，但提供的訊息無價）。

　　帕特爾醫師說：「有些人會抱怨兩小時葡萄糖耐受試驗，但是在我發現異常的結果後就閉嘴，自覺健康的患者發現自己並沒有想像中健康。這個檢驗可幫助我們做適當的改變，好讓他變得更好。」

澄清時間

因此我認為，空腹胰島素濃度，又或是葡萄糖耐受試驗的一小時後胰島素濃度相當重要。你可以藉此了解心血管代謝健康的問題核心。

——馬爾科姆・肯德里克

　　凱特・莎娜漢醫師定期檢驗患者的胰島素阻抗，因為「這是關於導致心肌梗塞和中風的代謝紊亂，可以測量的第一個徵象」。即使在檢驗以前，她也會問一些問題。她說：「這是老派的詢問病史，我會問問患者自己是否感到任何低血糖症的症狀，像是無精打采或虛弱、感覺疲憊，好像他們需要盡快吃東西一樣。這種狀態緊急的感覺不是單純的飢餓，而是當你無法輕易使用能量貯存時發生的情況。如果你的身體無法燃燒脂肪，你在血糖濃度開始下降時便會感到極不舒服。突然之間，完全沒有能量！接著你打算怎麼辦呢？你的身體進入恐慌模式，釋放腎上腺素和其他荷爾蒙，好讓肝臟用力挖出自己的肝醣供應。這些荷爾蒙可能讓你感到急躁、噁心、虛弱、顫抖和易怒不安。在餐與餐之間出現『血糖過低』的感覺，是一種強力的警告。千萬不能忽視。每當我聽到這種情況，幾乎都會在六種代謝檢驗——三酸甘油脂、HDL、空腹血糖、A1c、白血球和紅血球——看到一個以上出現問題。」

　　莎娜漢醫師告訴我，空腹血糖濃度高於92表示「有其他問題正在發生」。我常常說，家中自備的最佳醫療器材是血糖機，可以檢驗自己的血糖濃度。許多藥局都買得到血糖機，只要在飯前、飯後戳幾下手指，你就能確切看到一片比薩餅或一個香蕉堅果馬芬蛋糕究竟對你的血糖濃度有什麼影響（提示：結果並不好看）。你很快就會知道哪些食物讓你的血糖衝高，導致飢餓與心情改變，同樣也能很快了解哪些食物可以讓你保持愉快穩定，如此完全控制食慾並且有健康的一般狀態。天啊！

8. 載脂蛋白E（Apolipoprotein E，ApoE）

　　因為載脂蛋白 E（ApoE；譯註：ApoE 基因位於人類第十九對染色體，功能是調節血液中的脂肪含量）遺傳自你的父母，所以你一生中只需要檢驗一次。它沒有理想範圍，但你的數值能告訴你，是否容易罹患數種疾病，包括心血管疾病。它也能幫助你決定最適合的飲食和生活型態。

　　關於 ApoE 基因型的科學仍在興起，戴維斯醫師同樣是這方面研究的先驅。戴維斯醫師說：「我們正處於這個時代的開端，現在我們擁有一整套新的遺傳標記，其中多數我們還不知道該怎麼辦。ApoE 只是這些識別蛋白的其中之一，能讓我們稍微洞悉人類對飲食的反應。每個人都有兩個 ApoE 基

因，一個來自母親、一個來自父親，它們只有 2、3 和 4，所以你的組合可能是 2/2、2/3、3/3、3/4 或 4/4。人口中大約 60% 是 3/3，因此這是最常見的 ApoE 數字。

我的 ApoE 基因型剛好是 3/3，現在我知道這是很棒的數字，也是人口中最常見的組合。擁有 3/4 或 4/4 基因型的人處於危險地帶。戴維斯醫師說：「有 ApoeE 4/4 的人因為脂蛋白嚴重異常，所以容易有很多心臟病的問題。但是這些人非常罕見，不到總人口的 1%。」

此外，如果你至少有一個 ApoE 4 基因（占人口的 25%）該怎麼辦呢？戴維斯醫師說：「許多有 ApoE 基因型的人對脂肪相當敏感。遺憾的是，我的許多心臟科同事都說，擁有 ApoE 4 代表你應該遵循低脂飲食。真是太荒謬了！如果你有 ApoE 4 而且遵循低脂飲食，你只可能跟任何人一樣變得肥胖或罹患糖尿病，因為低脂飲食按照定義就是高醣飲食。有『ApoE 4 的人應該排除脂肪的說法』是錯的，他們只是需要找出最理想的量。」

同樣的，一切都可歸結於碳水化合物。戴維斯醫師說：「有 ApoE4 的人首先要做的是減少醣類的攝取量。這點跟其他人沒什麼不同，因為醣類仍然可能是你健康的殺手。看看它對你的小型 LDL 有何影響，並且考慮進一步削減碳水化合物──如果你的數值不符需要。」

如果我們用祖先的眼光來看待這點，可能有所幫助。戴維斯醫師解釋：「人類學家提出一個非常有趣（但不太好聽）的『節儉基因』假說。這樣的想法是，有些遺傳變異體是讓人類為剝奪期間做好準備。例如，七萬三千年前，印尼的蘇門答臘（Sumatra）島上有巨大的火山爆發。當火山爆發時，空氣中布滿超級大量的火山灰，造成長達六年的降溫趨勢：灰塵遮蔽陽光，造成全球氣溫下降二十五度。植物死亡、動物死亡，人類也死亡──只剩下少數幾千人。這些人必須在最貧瘠的環境中勉強討生活。而倖存的人就是最適合的人，也就是最強壯、最能適應剝奪的人。這少少的幾千人，是當今地球上七十億人類的祖先。意思是，我們遺傳了適應剝奪時期的基因模式。我相信可以這麼認為，ApoE 變異正是這樣的『節儉基因』」。

戴維斯醫師提到，這些有 ApoE 4 基因的人，在定期的間歇性斷食期間特別「適合被剝奪」，尤其是因為他們對脂肪相當敏感。戴維斯醫師說：「沒有人想接連三天都完全不吃不喝，然後再盡情享受山豬的內臟，而在之間只

挖一些樹葉、堅果和蘑菇充數。現在我們面對的世界，是個食物不虞匱乏的豐富世界，然而對於有 ApoE 4 基因型的人來說，所得到的脂肪超出了他們的遺傳所能負荷的量。他們應該減少一點脂肪，看看自己的反應如何，然後再稍稍增加一些。」

至於那些有 ApoE 4 基因、但不願意做這種犧牲的人……好吧，這有可能是一個建議用藥的時機。戴維斯醫師說：「我們可能主張，因為人不想要覺得被剝奪而且活得像我們的老祖宗，所以這或許是史塔汀類藥物可能有幫助的情況之一。我絕對不希望聽到有人說，『我認為每個人都應該服用史塔汀類藥物』，因為那很可笑！史塔汀類藥物是如此被醫學界濫用和誤用。但我認為，就像用抗生素對付感染一樣，史塔汀類藥物在某些情況確實能提供合理的好處，特別是對有 ApoE 4 基因型的某些人。然而，誠如我所說，那絕對不會是我的首選策略。」

有些人或許在檢驗自己的 ApoE 基因型、發現結果有 ApoE 4 時，變得相當沮喪。戴維斯醫師告訴他們要振作點，因為他相信這是祝福而不是詛咒。「我常常提醒患者，如果你帶有一個『節儉基因』，你並沒有問題而是得到祖先給的禮物。或許你不這麼認為，但你真的有更大的優勢，為剝奪和生存做好準備。因此，擁有這樣的基因在某種程度上是一種恩賜。遺憾的是，這在現實中可取用的食物沒有上限的充裕世界裡，似乎並不是這麼一回事。」

那麼，有 ApoE 2 的人又是如何呢？他們是否有任何特別的飲食考量呢？當然！唱片又要再重播！根據戴維斯醫師所說：「如果你有一個 ApoE 2 基因，表示你對碳水化合物非常敏感。這是因為碳水化合物觸發的脂蛋白停留得特別久，使得肝臟受器的功能減少大約 99% 的效率。因此，如果你吃一些穀類或糖做成的東西，脂蛋白會在血液中停留一段時間，可能高達數週。在匱乏的世界裡，這樣可能有好處，因為這些脂蛋白能讓你很長一段時間都有能量。然而，如果你的基因型是 2/2，可能造成非常誇張的模式，像是三酸甘油脂非常高，由此降低 HDL 和小型 LDL 粒子的表現。因此，從心臟病的觀點來看，會有一些嚴重的影響。這些人也比較容易罹患糖尿病。」

誠如你所見，知道自己的 ApoE 基因型，可能提供許多有關營養和生活型態的指導。戴維斯醫師說：「了解遺傳標記，能幫助你了解為什麼進行完全相同的飲食和生活型態的一百個人，卻會出現一百種不同的反應。」

　　不是每個人都很樂意做 ApoE 檢驗。克勞斯醫師說：「它在心臟病方面沒有什麼價值，但是跟阿茲海默症的關聯大上許多，使用這個訊息必須特別小心。基於這個檢驗做出任何降低心臟病風險的決定（無論是診斷或治療），都很不明智──檢驗能告訴你的少之又少。因為沒有任何證據顯示，檢驗結果能造成不同的治療效果，所以很難為這樣的昂貴檢驗辯護。此時關注 ApoE 就像是採摘低垂的水果，卻把 98% 留在樹上。」

　　ApoE 基因型的檢驗費用在美國是一百到五百美元之間。顯然，只有你自己能決定檢驗結果是否值得這一次性的花費。

　　接下來，我們將好好地測驗你新學到的知識。喔，天啊，我不知道還會有個測驗！不用擔心，我很確定你能輕鬆過關，現在你已完完全全地知道 HDL 數值有什麼問題（或沒有問題）。

艾瑞克・魏斯特曼 醫師的證言

全美和世界各地執行醫療的方式各有差異，端看你的醫師在何時何地受到訓練。因此，就算你的醫師完全不知道本書的訊息，也絲毫不足為奇。

膽固醇跟你想的不一樣

▶ ApoB是一種便宜且很多地方都有的檢驗，可用來評估心血管風險。

▶ 檢驗LDL-P讓你知道血液中的LDL粒子總數。

▶ 小型LDL-P粒子是你想消滅的緊密、動脈粥狀硬化LDL粒子。

▶ 非HDL膽固醇是計算心臟健康風險的更新方法。

▶ 脂蛋白(a)（Lp(a)）是遺傳的心血管風險指數，需要降低。

▶ 高敏感度C－反應蛋白是判斷發炎的主要檢驗。

▶ 葡萄糖耐受試驗和空腹血糖檢驗，評估的是胰島素阻抗。

▶ ApoE基因型檢驗可以根據你特定的身體類型，告訴你最適合的飲食養生法種類。

Chapter 21

測試你讀膽固醇檢驗結果的能力

自從多年前我開始在部落格撰寫有關膽固醇的主題後，便收到許許多多讀者寄來的膽固醇檢驗結果，希望我能告訴他們檢驗結果的意義為何。當然我不是醫師，但我很樂意以本書引述的專家學者的智慧見解為基礎，提供個人的淺見。

試圖根據血液檢驗的數字做出有關健康的評估，可能相當棘手，但我希望藉此能讓你更了解各種指數，以及真正最重要的是什麼（以防萬一，再提醒一次：**絕對不會是你的 LDL 和總膽固醇**）。

現在就讓我們將本書學到的訊息，做一些實際的應用。以下是三十個膽固醇檢驗結果的真實案例。你的任務（如果你選擇接受）是根據所學的一切加以解釋。看看你能不能辨認出哪些是健康的結果、哪些人可能必須努力改善，還有哪些人有健康不良的危險指數。

準備好了嗎？出發！

譯註：中英文對照表

縮寫	全名	中文
HDL-C	high-density lipoprotein cholesterol	高密度脂蛋白膽固醇
HDL	high-density lipoprotein	高密度脂蛋白
LDL-C	low-density lipoprotein cholesterol	低密度脂蛋白膽固醇
LDL-P	low-density lipoprotein particle	低密度脂蛋白粒子
VLDL	very-low-density lipoprotein	極低密度脂蛋白
TG	triglyceride	三酸甘油脂
LP-IR	lipoprotein insulin resistance	脂蛋白胰島素阻抗
Lp(a)	Lipoprotein(a)	脂蛋白(a)
CRP	C-reaction protein	C－反應蛋白

案例1：女性，有心臟病家族史

LDL-P	889
LDL-C	88
HDL-C	62
三酸甘油脂	44
總膽固醇	159
小型LDL-P	104
LP-IR分數	9

健康、需要努力，或不良的指數？ _____

案例2：女性，服用高血壓藥

LDL-P	2000
LDL-C	146
HDL-C	60

三酸甘油脂	76
總膽固醇	221
小型LDL-P	1188
LP-IR分數	60

健康、需要努力，或不良的指數？ _____

案例3：女性，接受十五毫克史塔汀類藥物治療

總膽固醇	222
LDL-C	119
HDL-C	73
三酸甘油脂	148
LDL-P	2171
小型LDL-P	972

健康、需要努力，或不良的指數？ _____

案例4：女性，停用史塔汀類藥物治療六個月

總膽固醇	299
HDL-C	88
LP-IR分數	4
LDL-C	199
LDL-P	2202
小型LDL-P	179
三酸甘油脂	61
VLDL尺寸	太小無法測量

健康、需要努力，或不良的指數？ _____

案例5：男性，醫師建議他服用立普妥／魚油

LDL-P	2228
LDL-C	112
HDL-C	48
三酸甘油脂	233
總膽固醇	207
小型LDL-P	1580
LP-IR分數	51

健康、需要努力，或不良的指數？＿＿＿＿＿＿

案例6：女性，服用十毫克辛伐他汀

總膽固醇	209
LDL-C	101
HDL-C	72
三酸甘油脂	115
ApoB	100
LDL-P	1206
小型LDL-P	446
Lp(a)	15

健康、需要努力，或不良的指數？＿＿＿＿＿＿

案例7：42歲女性，曾經發生心肌梗塞，正在服用史塔汀類藥物

總膽固醇	134
三酸甘油脂	58

HDL-C	58
LDL-C	73
VLDL	12
LDL-P	1239
小型LDL-P	600
Lp(a)	3.9
C-反應蛋白	0.3

健康、需要努力，或不良的指數？　_____

案例8：女性，拒絕服用史塔汀類藥物

總膽固醇	253
LDL-C	174
HDL-C	58
三酸甘油脂	106
LDL-P	2546
小型LDL-P	626

健康、需要努力，或不良的指數？　_____

案例9：女性，有第二型糖尿病和高血壓

LDL-P	2459
LDL-C	172
HDL	51
三酸甘油脂	280
總膽固醇	279
小型LDL-P	1181

健康、需要努力，或不良的指數？　_____

案例10：男性，練舉重、肌肉發達

LDL-P	1248
小型LDL-P	413
HDL-C	55
三酸甘油脂	43
LP-IR分數	22
C－反應蛋白	0.32

健康、需要努力，或不良的指數？ _____

案例11：女性，進行無小麥原始人飲食

總膽固醇	278
LDL-C	192
HDL-C	78
三酸甘油脂	42
VLDL	太小無法測量
LP-IR分數	5
LDL-P	1602
小型LDL-P	113

健康、需要努力，或不良的指數？ _____

案例12：男性，第二型糖尿病，服用二甲雙胍（Metformin）

總膽固醇	187
LDL-C	130
HDL-C	46
三酸甘油脂	57
LDL-P	1746

小型LDL-P	834
LP-IR分數	30

健康、需要努力，或不良的指數？＿＿＿＿＿＿＿

案例13：女性，運動員，有心臟病家族史

總膽固醇	357
LDL-C	289
HDL-C	55
三酸甘油脂	66
LDL-P	2001
小型LDL-P	131

健康、需要努力，或不良的指數？＿＿＿＿＿＿＿

案例14：男性，醫師堅持他要服用史塔汀類藥物治療

LDL-P	1495
LDL-C	108
HDL-C	54
三酸甘油脂	65
總膽固醇	175
小型LDL-P	690

健康、需要努力，或不良的指數？＿＿＿＿＿＿＿

案例15：女性，醫師告知未來可能發生心肌梗塞

總膽固醇	309
HDL-C	69

LDL-C	232
三酸甘油脂	42
LDL-P	2505
小型LDL-P	852
LP-IR分數	10

健康、需要努力，或不良的指數？ _____

案例16：女性，服用立普妥的年長者

總膽固醇	189
LDL-P	1995
LDL-C	111
HDL-C	45
三酸甘油脂	166
小型LDL-P	1485
LP-IR分數	75

健康、需要努力，或不良的指數？ _____

案例17：女性，進行低醣、高脂飲食

總膽固醇	303
LDL-C	189
HDL-C	103
三酸甘油脂	53
LDL-P	1476
小型LDL-P	104
LP-IR分數	1

健康、需要努力，或不良的指數？ _____

案例18：女性，吃低醣、高脂飲食

總膽固醇	418
LDL-C	305
HDL-C	104
VLDL	11
三酸甘油脂	56

健康、需要努力，或不良的指數？＿＿＿＿＿＿＿＿

案例19：男性，吃高醣、低脂飲食

總膽固醇	128
LDL-C	45
HDL-C	27
三酸甘油脂	351
LDL-P	1146
小型LDL-P	1077
LP-IR分數	46
Apo B	68
C－反應蛋白	1.2
ApoE基因型	3/4

健康、需要努力，或不良的指數？＿＿＿＿＿＿＿＿

案例20：男性，有心臟病和糖尿病家族史

LDL-P	1133
LDL-C	117
HDL-C	61

三酸甘油脂	39
總膽固醇	186
小型LDL-P	90
VLDL	太小無法測量
LP-IR分數	4

健康、需要努力，或不良的指數？＿＿＿＿＿＿＿

案例21：男性，吃低醣、高脂飲食

LDL-P	1924
LDL-C	152
HDL-C	59
三酸甘油脂	46
總膽固醇	220
小型LDL-P	625
LP-IR分數	18

健康、需要努力，或不良的指數？＿＿＿＿＿＿＿

案例22：男性，積極減輕壓力，吃低醣飲食

總膽固醇	201
LDL-C	127
HDL-C	67
三酸甘油脂	33
LDL-P	1348
小型LDL-P	137
LP-IR分數	13

健康、需要努力，或不良的指數？＿＿＿＿＿＿＿

案例23：女性，服用血壓藥

總膽固醇	220
LDL-C	106
HDL	50
三酸甘油脂	320
LDL-P	1890
小型LDL-P	1073

健康、需要努力，或不良的指數？ ＿＿＿＿＿＿＿

案例24：男性，想知道自己是否需要膽固醇藥物

總膽固醇	210
LDL-C	146
HDL-C	45
三酸甘油脂	95
LDL-P	1709
小型LDL-P	619
LP-IR分數	35

健康、需要努力，或不良的指數？ ＿＿＿＿＿＿＿

案例25：女性，進行低醣、高脂原始飲食

總膽固醇	269
LDL-P	1829
LDL-C	182
HDL-C	77
三酸甘油脂	50

小型LDL-P	146
C－反應蛋白	0.58
LP-IR分數	4

健康、需要努力，或不良的指數？　_____

案例26：女性，希望避免服用史塔汀類藥物

總膽固醇	278
LDL-C	200
HDL-C	51
三酸甘油脂	137
LDL-P	2049
小型LDL-P	627

健康、需要努力，或不良的指數？　_____

案例27：男性，減重超過一百八十磅（約八十七公斤），進行低醣飲食

總膽固醇	359
LDL-C	285
HDL-C	65
三酸甘油脂	46
VLDL	12
C－反應蛋白	0.55
LDL-P	3451
小型LDL-P	221
ApoB	238

健康、需要努力，或不良的指數？　_____

案例28：女性，進行高脂、低醣飲食

總膽固醇	193
LDL-C	105
HDL-C	81
三酸甘油脂	36
LDL-P	934
小型LDL-P	90

健康、需要努力，或不良的指數？ _____

案例29：女性，有第二型糖尿病，進行低醣飲食

總膽固醇	216
LDL-C	132
HDL-C	74
三酸甘油脂	51
LDL-P	1524
小型LDL-P	166
LP-IR分數	12

健康、需要努力，或不良的指數？ _____

案例30：女性，進行高脂、低醣飲食

總膽固醇	250
LDL-C	168
HDL-C	69
三酸甘油脂	64
LDL-P	1699

小型LDL-P	104

健康、需要努力，或不良的指數？　＿＿＿＿＿＿

　　其中第二十七案例是我在二〇一二年十月做的核磁共振脂蛋白檢驗結果。多數傳統醫師看到我的總膽固醇和 LDL-C 後，大都立刻希望我服用高劑量的史塔汀類藥物。但是，根據我們學到的有關膽固醇數值的知識，我們知道故事沒有那麼簡單，不是嗎？請看看真正重要的數值。我的 HDL-C 是65，表示我的心臟相當健康。我的三酸甘油脂是 46，離紅字還遠得很。我的VLDL 是 12，算是相當低（這是件好事），而我的 C－反應蛋白只有 0.55，表示幾乎沒有發炎。雖然 3,451 的 LDL-P 確實非常高（而且平行指數 ApoB 有 238 也算很高），但在這些粒子中，只有 6% 是小而緊密的壞粒子，意思是 94% 是大而蓬鬆的好粒子。對於一個過去曾經重達四百多磅，而且曾把降膽固醇藥當成薄荷糖猛吞的傢伙，這樣的結果並不算壞吧！

　　那你的測驗表現是如何呢？以下是根據你所學一切的排名。

　　健康指數：1、4、7、10、11、13、14、15、17、18、20、22、25、27、
　　　　　　　28、29、30
　　需要一些努力：2、3、6、8、12、21、24、26
　　不良指數：5、9、16、19、23

　　儘管 3、6 和 16 號患者在使用史塔汀類藥物治療，但他們除了有絕佳的LDL-C，三酸甘油脂和小型 LDL-P 數值都很差，是不是很有趣呢？確實有趣，但我希望此時已不會讓你驚訝。

膽固醇跟你想的不一樣

▶ 分析膽固醇血液檢查結果可能是棘手的工作。

▶ 區別健康和不健康的膽固醇檢查，現在應該比較容易。

結語
現在你已經開竅了，那接下來呢？

我們跟每個願意聽的人談這個議題。這件事非常困難，就像爬山，但已經有越來越多人開始關注。

——喬尼・鮑登

我得到如此美好的禮物，一份健康的禮物，這全都要歸功於我的作法，跟傳統健康專家多年來一直告訴我的幾乎完全相反。減重只是其一，讓健康回歸正軌的報酬更大，特別是當達成這一點的原因是自己的努力。

你有多少的朋友、同事和家人乖乖地遵照醫師對於健康的指示呢？這完全是大錯特錯！

有一群患者打算質疑他們聽到的膽固醇相關的事。他們有意願了解哪些有效、哪些起不了作用。最終，一定有更多人受到激勵，努力讓這樣的改變發生。這個動機或許來自某個服用史塔汀類藥物產生副作用的人，或是害怕服藥可能出現併發症的人。而動機最強的人，是服用藥物卻沒有得到預期結果的人。這個時刻，人們很願意接受其他的途徑，或替代史塔汀類藥物的治療計畫。

——菲利普・布萊爾

真相是，飽和脂肪和膳食膽固醇從來不曾被證明是心臟病的原因。人們相當驚訝，並且質疑為什麼一直以來學到的正好相反。你的心臟真的需要好的脂肪，來源像是鮭魚、蛋黃、酪梨、堅果、種籽、橄欖油、椰子油，甚至是……（倒抽一口氣）奶油！

當人們看到吃穀物類和精緻食品帶來某些有害的效果時，我試圖讓他們了解其中緣由，好讓他們能夠理解和接受。很大一部分是讓他們親身體驗。如果你不相信我說的話，那就自己試試。歸根究柢，重點在於人們的感受如何，他們是否有足夠能量在完成一天的工作後回家跟孩子玩。當這部分開始起作用時，人們將會更有意願接受。

——凱西·布約克

寫這本書是我的人生中最喜悅的經驗之一，多年來我一直都想寫這樣的書。現在，這個訊息比任何時候都需要盡可能跟更多的人分享，避免他們踏上以為有益健康、實則破壞健康的道路。我誠摯地希望，這本書能稍稍鼓勵你重新思考曾經信以為真的膽固醇、營養和健康的各方面資訊。如果真能如此，那我認為我的任務已經達成。我很希望能聽聽你的故事，很想知道這本書對你的膽固醇概念有什麼影響，你可以透過電子郵件 livinlowcarbman@charter.net 跟我聯絡。打破我們一直以來相信的藩籬，是個困難重重的巨大挑戰，然而並非沒有可能。隨著越來越多人看清楚膽固醇的真相，重大典範終將改變，而無知的面紗將被揭開。

澄清時間

幾年前，我是一個擁有全部知識的醫師。如果你想知道某些知識，你來找我可能得到答案。現今，你在電腦上按幾個鍵就可以得到訊息，或許我也能從中得到一些知識。訊息不再是醫師獨享的權限，現在每個人都能夠取得。

——德懷特·倫德爾

忙碌而無法大量閱讀的醫師，已被誤導成認為膽固醇是你該探究的東西。然而，這是錯的！

——唐納德·米勒

是的，你確實能大大掌控這些東西，只要你獲得正確的訊息。

——威廉·戴維斯

在這個世界上，我們做了許許多多人為的事。但就像是小狗在追逐自己
的尾巴。我們對自己做這麼多壞事，然後用我們認為自己需要的藥物來
治療它們。接著我們再對自己的身體做其他壞事，然後我們又繼續做其
他的事。就好像是永無止境的螺旋。

——佛來德・帕斯卡托爾

我鼓勵你跟所有認識和愛的人，分享這一本書和從中學到的訊息。並且
不要就此止步：我們才剛搔到皮毛而已！繼續自我教育，讓自己能掌握更多
的知識，成為自己的健康倡導者。

按照本書討論的方法去進行飲食和生活，你不只能嘉惠自己，更可以成
為活生生的例子，告訴大家什麼才是真正自然的心臟健康。誰知道呢？搞不
好連你的醫師都有可能從你的身上學到一、兩件事。改變，從每次一個人的
一小步開始。

那你還在等什麼呢？讓我們一起來改變世界吧！

澄清時間

我覺得自己好像是老派的醫師。我不需要血液檢查來找出某人的身體發
生什麼情況，以及該怎麼辦。我用血液檢查來了解患者的進展。

——凱特・莎娜漢

每天都有越來越多人開始了解，膽固醇不是問題，攜帶膽固醇的粒子才
是。此外，他們完全接受高脂飲食可能有益健康的想法，因為在 LDL 粒
子大小和數量等多方面有良好的效果。

——蓋瑞・陶布斯

艾瑞克・魏斯特曼 醫師的證言

因為一切的既得利益（食品和製藥公司，以及醫師「公會」），所以我能給你
的最佳建議是：追蹤自己的健康指數、教育自己，然後試著做些什麼，看看對
自己的健康有什麼影響。

吉米·摩爾的膽固醇檢驗結果（二〇〇八到二〇一三年）

日期	LDL-P	LDL-C	HDL-C	三酸甘油脂	總膽固醇	小型LDL-P	VLDL
2013/4/8	2730	236	66	38	310	478	7
2013/2/28	N/A	309	77	72	400	N/A	14
2012/12/14	N/A	332	75	60	419	N/A	12
2012/10/25	3451	285	65	46	359	221	9
2012/4/25	N/A	257	67	88	342	N/A	17
2012/2/28	N/A	290	78	89	386	N/A	18
2009/10/20	2130	278	57	79	351	535	16
2009/7/13	2091	228	60	49	298	1261	10
2008/5/5	1453	250	65	86	332	300	17
2008/5/5	N/A	246	65	77	326	N/A	15

膽固醇換算表（mg/dL轉成mmol/L）

mg/dL	mmol/L	mg/dL	mmol/L
2 – 30	0.1 - 0.8	32	0.8
3	0.1	40	1
5	0.1	40 – 49	1 – 1.3
10	0.3	41	1.1
12	0.3	42	1.1
14	0.4	43	1.1
23	0.6	50	1.3
25	0.6	50 – 59	1.3 – 1.5
30	0.8	52	1.3

mg/dL	mmol/L	mg/dL	mmol/L
53	1.4	145	3.8
58	1.5	147	3.8
60	1.6	148	3.8
65	1.7	150	3.9
70	1.8	150 – 199	3.9 – 5.1
71	1.8	154	4
72	1.9	155	4
78	2	157	4.1
80	2.1	160	4.1
85	2.2	160 – 189	4.1 – 4.9
90	2.3	160 – 240	4.1 – 6.2
92	2.4	164	4.2
97	2.5	165	4.3
98	2.5	180	4.7
100	2.6	181	4.7
100 – 129	2.6 – 3.3	185	4.8
101	2.6	190	4.9
105	2.7	193	5
110	2.8	195 – 255	5 – 5.8
112	2.9	199	5.1
115	3	200	5.2
127	3.3	200 – 239	5.2 – 6.2
130	3.4	200 – 499	5.2 – 12.9
130 – 159	3.4 – 4.1	201	5.2
138	3.6	203	5.3
139	3.6	204	5.3
140	3.6	210	5.4

mg/dL	mmol/L	mg/dL	mmol/L
215	5.6	251	6.5
217	5.6	252	6.5
220	5.7	255	6.6
222	5.7	263	6.8
223	5.8	268	6.9
225	5.8	270	7
227	5.9	280	7.2
230	5.9	300	7.8
232	6	310	8
234	6.1	322	8.3
236	6.1	350	9.1
238	6.2	400	10.3
240	6.2	500	12.9
245	6.3	509	13.2
246	6.4	680	17.6
250	6.5		

▌三酸甘油脂換算表（mg/dL轉成mmol/L）

mg/dL	mmol/L	mg/dL	mmol/L
30	0.3	43	0.5
33	0.4	44	0.5
36	0.4	45	0.5
39	0.4	46	0.6
41	0.5	51	0.6
42	0.5	52	0.6

mg/dL	mmol/L
53	0.6
56	0.6
57	0.6
58	0.7
60	0.7
61	0.7
64	0.7
65	0.7
66	0.7
70	0.8
76	0.9
80	0.9
95	1.1
97	1.1
98	1.1
100	1.1
106	1.2
115	1.3

mg/dL	mmol/L
130	1.5
137	1.5
148	1.7
150	1.7
154	1.7
166	1.9
199	2.2
200	2.3
227	2.6
233	2.6
280	3.2
300	3.4
320	3.6
351	4
499	5.6
500	5.6
800	9

英鎊／公斤換算

英鎊	公斤
8	3.6
25	11.3
50	22.67
70	31.7

英鎊	公斤
95	43
100	45.3
103	46.7
140	63.5

英鎊	公斤
180	81.6
230	104.3

英鎊	公斤
400	181.4
410	185.9

▎膽固醇檢驗指南及理想範圍

標準血脂檢查	
總膽固醇	大多無關緊要，但女性應該低於250 mg/dL，而男性應該低於220 mg/dL。
LDL-C	低於130 mg/dL，但濃度較高不一定跟心臟健康風險有關。
HDL-C	高於50 mg/dL很好，但高於70 mg/dL最佳。
VLDL-C	介於10到14 mg/dL之間。
三酸甘油脂	低於100 mg/dL，但低於70 mg/dL最佳。
非HDL膽固醇	沒有理想濃度的證據。

進階血脂檢查	
LDL-P	低於1000 nmol/L，但吃高脂低醣飲食的人尚不清楚。
小型LDL-P	小於LDL-P數值的20%，理想上小於200 nmol/L。
Lp(a)	一種基因標記，沒有測量的標準方法，範圍相當廣泛。

考慮的其他檢驗	
載脂蛋白B（ApoB）	LDL-P的平行指數
載脂蛋白E（ApoE）基因型（一次性檢驗）	沒有理想範圍，但只需檢驗一次知道自己的遺傳體質（3／3是最常見且最好的數字；2／2、3／4和4／4最差）。
高敏感度C-反應蛋白（hs-CRP）	介於到0到3.0 mg/dL之間，理想是低於1。
空腹血糖	低於92 mg/dL。
口服葡萄糖耐受試驗（OGTT）	一小時血糖讀數小於150 mg/dL。

如果你擔心高膽固醇，可做的檢驗	
電腦斷層心臟掃描鈣化分數	一種昂貴的三分鐘檢驗，測量胸部的鈣化斑塊。希望的分數是零。
頸動脈內膜中層厚度（IMT）	測量動脈管壁厚度，是心血管疾病的早期指標。
Metametrix腸胃道功能糞便檢驗	測量腸道裡可能造成身體嚴重破壞的任何微生物。

Smile 69

Smile 69